씨앗 받는 농사 매뉴얼

씨앗 받는 농사 매뉴얼
ⓒ 오도 2013

초판 1쇄	2013년 12월 27일
초판 5쇄	2022년 9월 23일

지은이	오도
그린이	장은경

출판책임	박성규	펴낸이	이정원
편집주간	선우미정	펴낸곳	도서출판 들녘
편집	이동하·이수연·김혜민	등록일자	1987년 12월 12일
디자인	고유단	등록번호	10-156
마케팅	전병우	주소	경기도 파주시 회동길 198
멀티미디어	이지윤	전화	031-955-7374 (대표)
경영지원	김은주·장경선		031-955-7381 (편집)
제작관리	구법모	팩스	031-955-7393
물류관리	엄철용	이메일	dulnyouk@dulnyouk.co.kr

ISBN	978-89-7527-649-1 (14520)
	978-89-7527-160-1 (세트)

값은 뒤표지에 있습니다. 잘못된 책은 구입하신 곳에서 바꿔드립니다.

씨앗 받는 농사 매뉴얼

글 오도 | 그림 장은경

들녘

글쓴이의 말

씨앗을 지키는 일, 우리를 지키는 일

  시골에서 태어난 나는 씨앗을 많이도 뿌렸다. 아주 어렴풋하지만 콩을 심던 기억이 있다. 고사리 같은 왼손에 콩알을 듬뿍 거머쥐고 오른손에는 호미를 들고 구넝이를 팠다. 한 구덩이에 콩알을 서너 알씩 넣는 것은 쉬운 작업이 아니었다. 자꾸만 더 많은 콩알이 구덩이에 떨어져 몇 번이고 다시 꺼내 숫자를 헤아린 다음 다시 넣기를 반복했다. 지금도 생각이 나는 걸 보면 어렵기도 했지만 나름대로 재미가 있었던 것 같다.

  천상 농사꾼이셨던 부모님은 우리나라에서 유기농업이 처음 시작되었을 때 홍성에서 사남매를 데리고 매일매일 논과 밭으로 나가셨다. 일이 많을 때는 새벽에도 우리를 깨워 일을 시키고, 아침밥을 밭에서 먹여 학교에 보내셨다. 왜 그렇게 일을 많이 시키시는지, 공부를 제대로 못한 채 시험을 치르다가 하염없이 눈물만 흘린 적도 있다.

  지금은 유기농업에 관해서도 다양한 자재들이 나와 수월해진 부분이 많다. 하지만 처음 유기농업이 시작되던 40년 전에는 풀이 나면 뽑고, 벼가 쓰러지면 일으켜 세우고, 고추에 병이나 벌레가 생기면 속수무책이었다. 그래서 더 농사일이 많고 힘이 들었다.

한 해 농사를 마무리 짓는 가을이 되면 할머니와 엄마 손이 바빠졌다. 갖가지 씨앗들을 깨끗하게 갈무리해서 어떤 것은 키질을 하고 어떤 것은 체로 걸러내서 새하얀 자루에 담아 광에 가지런히 넣는다. 그중 옥수수와 수수는 거꾸로 매달아 처마 밑에 매달아 두시기를 여러 해. 아무리 배가 고파도 처마 밑 옥수수에는 손을 댈 수가 없었다. 한 해가 지난 후에 다시 뿌려야 하는 '씨앗'이기 때문이다. 그 기억이 너무나 생생하다.

2003년, 풀무학교 전공부에서 농사를 시작하기 위해 씨앗들을 찾기 시작했다. 어떤 것은 학교에서 매해 받기도 하지만, 대부분의 씨앗은 종묘상에서 사서 심고 있었다. 심지어 옥수수까지도. 학교에서 받아서 쓰는 씨앗은 볍씨나 깨, 콩 종류 정도에 지나지 않았다.

'어릴 적 집에서는 씨앗을 산 적이 거의 없었던 것 같은데 어찌된 일일까?' 고민하던 나는 한 가지 결심을 했다. '옛날 어른들은 씨앗을 받았었다. 그럼 우리도 받을 수 있을 것이다. 씨앗을 받자.'

그때부터 우리의 씨앗 채종 공부가 시작되었다. 주변에서 구할 수 있는 책을 우선 모으고, 학교에 없는 씨앗들은 동네에서 구하기도 하고, 토종 씨앗 나눔 까페인 '씨드림' 모임에 가서 씨앗을 받아 오기도 했다.

자가수분하는 채소 씨앗들은 초보자인 우리도 비교적 간단한 방법으로 받을 수 있었지만, 타가수분하거나 이미 다른 종으로 교잡이 된

채소 씨앗을 받기까지는 꽤 오랜 시간이 필요했다. 배추나 양배추는 씨앗을 받기 시작한 지 10년이 넘은 지금도 큰 과제로 남아 있다.

분명 인내와 끈기가 필요한 일이다. 가끔은 지쳐서 관심을 소홀히 하다 채종 시기를 놓치기도 한다. 하지만 '씨앗 농사'야 말로 농부들이 해야 할 사명과도 같은 일이기 때문에 다시 채종밭으로 발걸음을 옮기게 된다.

한때는 농사일이 지긋지긋해서 다시는 농촌으로 돌아오지 않겠다고 결심을 한 적도 있다. 하지만 지금은 농사일이 즐겁다. 아마도 마흔을 넘긴 내가 가장 잘 할 수 있는 일이 농사라는 걸 알았기 때문일 것이다. 할머니와 엄마가 하셨듯 나도 키질을 하면서 씨앗을 골라낸다. 일을 하다 보면 솔솔 부는 바람에 쭉정이가 날아가고, 영근 씨앗만 밀려오는 그 소리가 참 듣기 좋다. 바람이 없을 때는 내가 바람을 만들어 내기도 한다.

씨앗을 받으며 자료를 모으기 시작한 지 10년이 되었다. 장인들의 기술이 대물림으로 내려오듯이 씨앗도 그렇게 손에서 손으로 자연스럽게 전해졌기 때문에 옛날에는 누구 한 사람 씨앗의 '대가 끊길' 걱정을 하지 않았던 것 같다.

하지만 산업화로 인해 우리 사회에는 큰 변화가 찾아왔고, 그 변화는 농촌문화에 가장 먼저 큰 영향을 끼쳤다. 농사일이 못 배우고 천한 사람들이 하는 일로 전락해버렸다. 그러니 농사 관련 연구나 출판도 활발히 이루어지지 않는다. 더군다나 씨앗은 그저 돈 주고 사면 되는 물건이 되어버렸다. 우리가 먹는 채소 씨앗이 어디서 오는지, 어떻게 만들어

졌는지 관심을 가지고 보는 이들이 거의 없다.

 그래서 시작했던 것 같다. 하는 사람이 없다고 해도 전공부에서는 해야 할 일이라고 생각했다. 그래서 10년이 넘는 고집스러움으로 끈을 놓지 않고 왔다.

 채종 동아리 학생들의 지난 노력이 있었기에 책이 나올 수 있었다. '이제 그만할까'라고 생각할 때마다 학생들이 나에게 질문을 던지고, 나를 붙들었다. 명주, 찬호, 보경, 진경, 형일, 현희, 은경, 용희, 남영, 재은, 경희, 수영, 준. 특히 지난해 겨울 채종 자료를 모으고 정리해주신 권용희 수녀님께 감사드린다. 모두의 노력으로 우리는 오늘도 건강한 채소를 식탁에 올릴 수 있다.

 옛 속담에 '굶어 죽어도 씨앗은 남긴다'는 말이 있다. 두고두고 생각이 나는 말이다. 지금은 우리나라 대부분의 종묘상들이 다국적 기업에 넘어간 상태다. 씨앗만은 우리가 지켜야 하지 않을까! 우리 농부들의 몫이다.

 다행인 것은 다양한 씨앗만큼이나 농사에 관심을 가진 분들이 무척으로 많다는 것이다. 그래서 든든하다. 농사도 그렇지만 씨앗도 누구나 받을 수 있다. 같은 생각을 가진 많은 분들과 이 책을 함께 나누고 싶다.

 원고를 마감하는 이 순간에도 부족함이 너무나 많음을 안다. 그럼에도 불구하고 책으로 엮어주신 들녘출판사와 매 순간 옆에서 힘이 되어주는 남편과 딸 산, 아들 민에게 감사한다.

하우스 경작 설계도

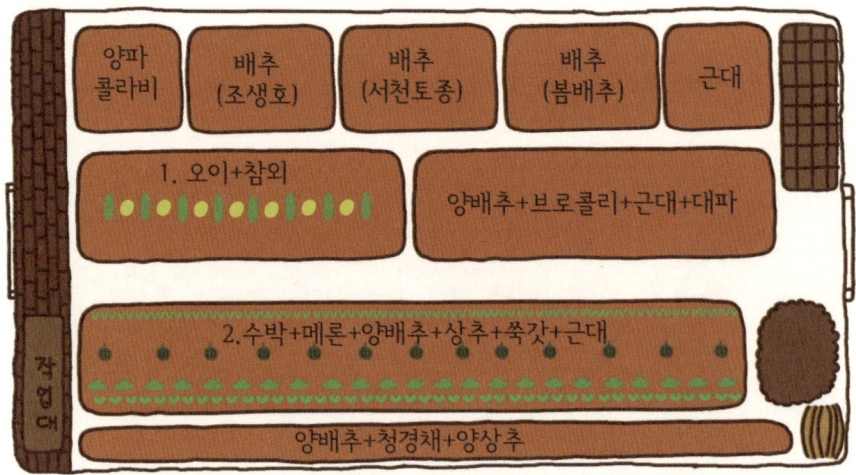

글쓴이의 말_ 씨앗을 지키는 일, 우리를 지키는 일 5

채종밭 경작 설계도

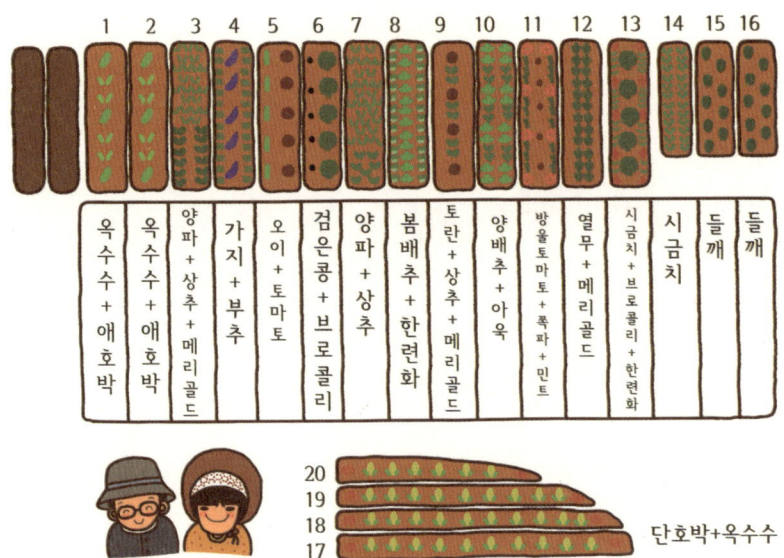

2011년 설계도. 2011년 채종밭과 하우스의 이랑 크기를 재서 그림으로 그렸다.
- 밭 크기를 알아야 작물을 얼마나 심을지 계획할 수 있다.
- 봄이 오기 전 밭을 둘러보고 재배 계획을 세운다.

2012년 풀무학교 채종하우스 안.

2012년 풀무학교 전공부 채종밭 사진. 씨앗도 받고 일부 수확한 채소는 먹기도 하고 꽃을 심어 예쁘게 가꾸기도 한다. 좁은 공간이지만 잘 활용하면 여러 가지 채소씨를 받을 수 있다.

시금치 씨앗을 정선하고 있는 모습. 가시가 있으므로 손을 다치지 않게 조심한다.

키질을 해 알찬 씨앗을 골라낸다.

차례

1부
무엇을 심을 것인가?

오도의 씨앗농사 일기 1 - 첫 농사 첫 고민 16
　자가채종 17
　어떤 씨앗을 받을 것인가? 18
　어떻게 찾을 것인가? 19

오도의 씨앗농사 일기 2 - 농사의 기본은 씨앗 22
　선발을 위한 기초 지식 24
　교잡을 막는다 28

오도의 씨앗농사 일기 3 - 역사와 이야기가 있는 씨앗 30
　무와 배추는 교잡하지 않는다 32
　손이 많이 가는 박과 33
　씨앗의 보관 34

오도의 씨앗농사 일기 4 - 농부육종가 36

2부
작물별 씨앗농사 매뉴얼

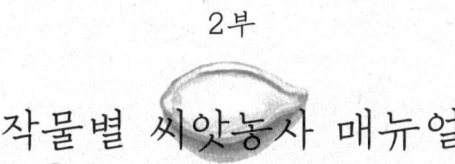

후두둑 떨어지는 씨앗 43
양파 46 | 대파 50 | 쪽파 53 | 부추 55

따뜻하면 옷을 벗는 씨앗 57
토마토 60 | 오이 65 | 참외 69

보송보송 털이 많은 씨앗 72
당근 75 | 상추 80 | 쑥갓 84

탁탁 털어내는 씨앗 86
배추 89 | 무 94 | 브로콜리 98 | 청경채 101 | 시금치 103 | 아욱 107
근대 109 | 양배추 111 | 참깨 114 | 들깨 117 | 완두콩 120
팥 123 | 녹두 125 | 메주콩 127

쏘옥 골라내는 씨앗 130
파프리카 133 | 가지 136 | 고추 140 | 수박 143 | 호박 146

땅속에 숨어 있는 씨앗 149
토란 151 | 땅콩 154 | 생강 157 | 마늘 160 | 고구마 164 | 감자 167

낱알이 많은 곡류 171
옥수수 174 | 조 177 | 기장 179 | 수수 181 | 벼 183

부록 - 풀무학교 학생들의 씨앗농사 일기 188

1부

무엇을 심을 것인가?

오도의 씨앗농사 일기 1

첫 농사 첫 고민

농사가 시작되는 봄이다. 촉촉한 봄비가 내리기 전 우리는 얼어붙은 땅을 쟁기질로 갈아 엎고 삽과 레이크로 언 흙덩이를 부순 다음 구덩이를 파 내며 완두콩을 심는다. 시기적으로는 2월 중순에서 3월 초 사이다. 3월 초가 되면 땅이 풀리기 시작해 조금 수월하기는 하지만, 부지런한 농가에서는 2월 중순이면 노지에 완두콩 씨앗을 뿌린다.

우리의 농사는 3월 초 입학식과 동시에 시작된다. 아직 냉기가 남아 있는 땅속에 사정없이 떨어지는 씨앗은 완두콩. 우리에게 익숙한 녹색 완두콩이 아니다. 모양은 쪼글쪼글하고, 색깔은 낯선 주황색! 씨앗을 한 주먹씩 들고, 구덩이마다 대여섯 알을 집어넣는다. 함께하던 학생이 "완두콩 색깔이 왜 이래요?"라고 묻는다. 씨앗이 들어 있던 완두콩 봉지에는 녹색의 먹음직스런 완두콩 사진이 장식되어 있다. 예전부터 많이 보아왔고, 맛있게 먹어왔던 바로 그 완두콩이 분명하다. 그런데 내가 심고 있는 씨앗은 도저히 완두콩처럼 보이지 않는다.

"완두콩 색깔이 왜 이럴지?"

자가채종

　자가채종은 말 그대로 '내가 스스로 씨앗을 받는다'는 뜻이다. 식물은 씨앗이 땅에 안착하고 꽃이 피면 열매를 맺게 되어 있다. 열매가 바로 씨앗이 되기도 하고, 열매 속에 씨앗이 들어 있기도 하다. 식물 하나가 맺는 씨앗의 개수 또한 다양하다.

　하지만 요즘 식물들, 특히 채소의 경우는 씨앗을 받아 뿌리면 씨앗을 받았던 채소와 전혀 다른 모양의 채소가 자라난다. F1 씨앗(우수한 종자끼리 교배해서 만들어낸 종자로 그 우수한 형질이 유전되지 않기 때문에 해마다 새로운 씨앗을 구입해야 한다) 육종이 진행되면서 씨앗은 종묘 회사로부터 구입하는 것이라는 의식이 정착되었기 때문이다. 이에 따라 재배 기술은 단순화되고, 농가의 공부에 대한 의지도 점점 낮아지고 있다. 채종 기술은 농가 기술이 아니라 기업 기술이 되어버렸다.

　내년에 심기 위해 처마 밑에 걸어 두었던 옥수수는 추억 속에만 남았다. 옛날에는 농가에서 농가로, 윗대에서 아랫대로 물림을 받아 씨앗을 심었다. 하지만 지금이라고 못 할 것은 없을 것이라 생각했다.

　'씨앗 받는 방법만 알면 채종을 할 수 있지 않을까?'

　흐릿하게 남아 있는 어릴 적 기억들을 더듬으며 우리의 채종은 시작되었다. 부모님들을 따라다니며 했던 콩 타작, 깨 털기, 벼 베기 등등……. 그 모든 것이 수확이자 동시에 채종이었다. 우리가 먹는 것이 바로 씨앗이고, 그 씨앗을 조금씩 남겨 두었다가 심으면 다시 씨앗이 되는 것이다.

어떤 씨앗을 받을 것인가?

씨앗을 받겠다고 마음을 먹고 나면, 가장 먼저 고민이 되는 것은 '어떤 씨앗을 받을 것인가'라는 점이다. 집에서도 그렇고 밖에서 음식을 먹을 때도 그렇고 먹는 음식에 대한 '글로벌화'가 점차 확대되면서, 다양한 식재료들이 식탁을 장식하게 되었다. 어려서 부모님이 산과 들에서 캐어 와 밥상에 올려주던 냉이나 쑥은 이미 별미가 되었고 머위나 도라지, 더덕 등은 보양식이 되어서 흔하게 먹는 음식과는 거리가 멀어진 지 오래다.

요즘은 무엇이든 밭에서 키우고 야생에서 캐거나 뜯어 먹기보다는 마트에 가서 돈을 주고 사서 쉽게 쉽게 요리를 한다. 봄에나 먹을 수 있던 각종 봄나물들이 사계절 내내 재배되어 시장에 나오고, 양념 역시 간장이나 된장에서 벗어나 외국산 기름이나 향신료 등이 다양하게 이

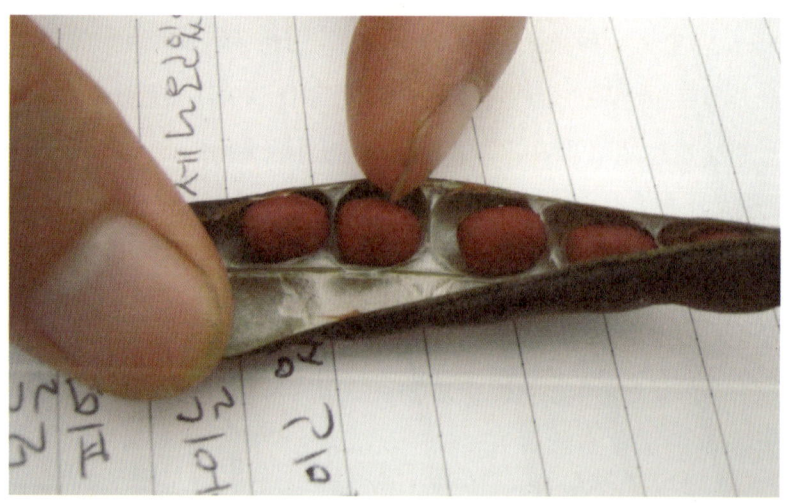

지금은 찾아보기 힘든 토종 붉은 팥. 꼬투리의 검은색과 팥의 검붉은 색이 잘 어울린다.

용된다. 그러다 보니 각 지역에서 재배되어온 특산물도 점점 사라지고, 제철 음식에 대한 개념도 사라져 가고 있는 듯하다.

  어떤 씨앗을 받을 것인가를 고민할 때는 내가 좋아하는 채소나 과일을 우선할 수도 있겠지만, 먼저 내가 살고 있는 지역의 기후나 물, 공기, 흙에 대해 알아본 후, 지역에 맞는 품종을 찾아내는 일이 중요하다. 지역의 땅과 기후에 맞는 씨앗을 심었을 때 가장 잘 자라날 수 있기 때문이다. 때문에 자연 환경을 지키는 일은 곧 지역의 씨앗을 지키는 힘이 된다.

어떻게 찾을 것인가?

  1960~1970년대, 산업화가 급속도로 진행되면서 농촌은 큰 타격을 입었다. 사람들이 일자리를 찾아 도시로 이동하면서 농지가 버려졌고 공장과 아파트 등 건축물이 들어섰다. 산과 밭, 논은 마구 파헤쳐졌다. 생태계는 무너지고, 사람들의 관심은 편리함과 돈에 집중되었다. 그러다 보니 농사를 지을 때도 풀을 뽑기보다는 제초제를 쓰고, 많은 양의 농산물을 팔아야 하기 때문에 화학 비료를 쓰고, 보기 좋은 채소가 잘 팔리기 때문에 잡종강세(잡종 제1대가 생육·생존력·번식력 등에서 양친보다 우수한 성질을 갖는 것)를 이용한 F1 씨앗을 종묘상에서 구입하게 되었다. 그러면서 어느 지역에서든, 누구든 모두 같은 씨앗을 심게 되었다. 품종들의 통일화가 급속도로 진행된 것이다.

  지금은 사라지거나 쇠퇴한 지역의 품종 중에는, 현재의 재배 기술이

나 유통 형태에 적응하기 힘든 특성을 가진 것이 많다. 냄새가 나거나 맛이 쓰거나 시거나 떫은 것, 외견상 보기 좋지 않은 것 등은 일반 유통에서는 배제되고 말았다. 생활 속에서 이미 찾아보기 어려워진 다양한 맛을 지닌 지역 품종들을 하나둘 찾아내는 일은 의무감과 책임감, 보람과 즐거움을 모두 느끼게 한다.

문제는 씨앗의 탐색이다. 본래의 형질을 유지하지 못하는 F1 씨앗의 유통이 유행하면서 자가채종이 줄었다. 그 와중에 절멸한 품종도 많다. 보다 쉽고 체계적인 방법이 있으면 좋겠지만 뚜렷한 길이 없는 것이 사실이다. 우리는 몸으로 부딪히는 쪽을 택했다. 지역에서 오랫동안 농사를 지어온 어르신들을 찾아가 씨앗을 구할 방법을 물어보고 지역의 종묘상을 찾아가보는 것이다.

마을을 다니다가 조금이라도 독특한 모양의 콩이나 채소 등을 보면 일하는 분들에게 질문을 했다. 몇 년 전, 학교 근처 한 할머니 댁에서 수수 씨앗을 얻어왔을 때도 그랬다.

"할머니, 이건 무슨 수수예요? 저희 학교에 있는 수수보다 키는 작은데, 열매는 엄청 튼실하네요."

"응, 우리 친정에서 내가 어릴 적부터 심었던 건데 키가 작아 잘 넘어가질 않아. 그러면서 열매는 잘 달리니까 심을 만혀."

"정말 그렇겠어요. 죄송한데 저희에게 조금 나눠주실 수 있으세요? 학교 수수는 키가 너무 커서 따기가 어렵거든요! 자꾸 쓰러지구요."

"그래? 그럼 좀 가지고 가. 한 자루면 실컷 씨앗하고 남을겨."

"감사합니다 할머니. 정말 잘 키울게요."

수소문 끝에 찾아낸 토종 옥수수. 옥수수는 씨앗 보관이 쉬운 편이라 토종 씨앗도 우리 주변에서 비교적 쉽게 구할 수 있다.

   수수 씨앗은 이렇게 학교로 시집을 오게 되었다.

   시익 어르신들의 씨앗 주머니는 늘 열려 있다. 조금 나눠줄 수 있냐고 부탁드리면 수줍어하시며, 주름진 손으로 한 움큼 쥐어 내 손에 조심조심 올려놓으신다. 수수 이외에도 이렇게 얻은 씨앗이 여럿. 이 씨앗들을 물려받을 다음 세대를 생각한다. 이런 씨앗 마실은 의외로 성과가 크다.

오도의 씨앗농사 일기 2

농사의 기본은 씨앗

학생들이 하나둘 질문을 하기 시작한다.

"이거 완두콩 맞아요?"

처음 농사를 시작하는 사람들의 고민은 아주 단순한 것에서부터 시작한다. 완두콩이 익어 딱 먹기 좋을 때 수확을 하면 탱글탱글하지만, 씨앗으로 심기 위해서 받는 완두콩은 수분이 빠진 상태이기 때문에 쪼글쪼글한 거라고 설명했다.

"쪼글쪼글한 건 그렇다 치고 색은 왜 이런가요?"

여기서 놀라운 사실. 주황색의 정체는 바로 살충제다. 종묘상에서 판매하는 씨앗에는 살충제를 뿌린다. 불량한 씨앗으로 변하지 않게 하기 위해서, 또 씨앗을 벌레가 먹지 않도록 하기 위해서다. 씨앗은 식물체가 자기 자신을 보존하기 위해서 만들어내는 최고의 영양 덩어리이기 때문에 사람들에게는 물론이고, 벌레들에게 있어서 최고의 음식이 되는 것이다. 그러다 보니 씨앗이 곧 돈이 된 사회에서는 갖가지 방법을 동원해 판매에 지장이 없도록 처리한다.

최근에는 너무 작아서 눈에 잘 보이지 않거나 손으로 뿌리기에 불편한 씨앗들을 코팅해 크기를 키우기도 하고, 파란색·분홍색 등 염색액과 살충제로 버무려 원래 씨앗이 가지고 있는 모습을 찾아볼 수 없게 둔갑시키기도 한다. 벌레의 피해를 막기 위해서이기도 하지만, 농민들이 대부분 고령이기 때문에 작업의 효율성을 높이기 위해서이기도 하다.

일하기 편해질지는 모르겠으나 살충제와 염색액 처리된 씨앗이 좋을 리는 없다. 게다가 종묘 기업들은 F1 씨앗을 만들어내서 씨앗을 더 이상 받아서 쓸 수 없도록 만들어버렸다. 씨앗을 더 이상 받을 수 없으니 해가 갈수록 씨앗 값은 높아지고 결국 종묘상에 의존해서 농사를 지을 수밖에 없게 되었다.

유기농 씨앗으로 자가채종한 완두콩.
구입한 씨앗은 약물 처리로 색이 붉지만
자가채종한 씨앗은 완두콩 그대로의 색이 살아 있다.

선발을 위한 기초 지식

식물은 번식을 위해 씨앗을 남기기도 하고, 뿌리·줄기·잎의 일부분을 이용해 또 하나의 개체를 만들어내기도 한다.

씨앗으로 번식하는 경우는 꽃 한 송이 안에서 수분이 이루어지는 자가수분(自家受粉), 다른 꽃이나 작물에서 꽃가루를 받아 씨앗을 맺는 타가수분(他家受粉)으로 나뉜다.

타가수분일 경우에는 같은 꽃에서 꽃가루를 받지 않도록 근친 간의 교배를 막기도 한다. 이를 자가불화합성(自家不和合性) 방식이라고 한다.

우리 같은 초보 농사꾼들이 자가채종을 위해 할 수 있는 일 중 하나가 선발에 의한 육종이다. 쉽게 말하면 100포기의 오이를 심었으면, 그중에서 모양이 가장 예쁘고 맛이 좋은 오이를 5~10개 골라서 씨앗을 받고, 이듬해에는 그 씨앗을 심어 그중에서 또 모양과 맛이 좋은 오이를 골라 심는 것이다. 간단하고 누구나 할 수 있는 방법으로 옛날부터 전해져오는 전통적인 육종법이기도 하다.

자가수분 작물로는 벼과, 콩과, 가지과 채소들이 있다. 벼과 중에서도 옥수수와 호밀은 타가수분 작물에 속한다. 이 이외의 채소들은 대부분 타가수분에 속하는데, 타가수분 작물이 많은 이유는 근친교배에 의해 생육이나 번식력이 약해지는 현상을 막기 위해서다.

자가수분 작물은 한 꽃 안에서 꽃가루를 받아 씨앗을 받는 경우가 많기 때문에 품종과 품종 사이의 간격을 특별히 벌릴 필요가 없다. 단, 고추나 완두콩처럼 교잡이 일어날 우려가 있는 작물의 경우에는 품종과 품종 사이에 키가 큰 작물을 사이에 심으면 도움이 된다. 계단이 있는 밭을 찾아 지형의 차이를 이용하는 방법도 있다. 밭의 높이가 다르기 때문에 바람에 의한 꽃가루의 이동을 피할 수 있다.

뿌리나 줄기, 잎 등 모체의 한 부분이 분리되어 발육하는 번식 방식을 영양번식이라 한다. 영양번식을 하는 채소는 고구마, 감자, 마늘, 생강 등이 있다. 이러한 식물들은 꽃에 씨앗이 거의 달리지 않기 때문에 씨앗번식을 하기는 어렵다. 따라서 우리나라에서 재배하는 품종 또한 그다지 많지 않은 편이다. 영양번식이 쉬운 채소들은 수확 후 겨울동안 얼지 않도록 잘 보관하면 얼마든지 계속해서 번식을 할 수가 있다.

박과 채소

1. 호박수꽃
2. 호박암꽃
3. 오이수꽃
4. 오이암꽃

가지과 채소

1. 가지꽃
2. 토마토꽃
3. 고추꽃

콩과 채소

1. 쥐눈이콩꽃
2. 팥꽃
3. 완두콩꽃
4. 메주콩꽃

십자화과 채소

1. 브로콜리꽃
2. 무꽃
3. 양배추꽃
4. 배추꽃

뿌리 채소

1. 감자
2. 생강
3. 마늘
4. 고구마

교잡을 막는다

 씨앗을 받기 위해서는 우선 다른 품종 간의 교잡을 막는 것이 중요하다. 자가수분 작물의 경우는 교잡의 우려가 거의 없지만, 타가수분 작물, 그중에서도 십자화과 채소의 경우는 씨앗을 받기 위해 선발한 포기 주변에 교잡이 가능한 품종을 심지 않는 것이 좋다. 재배 면적이 좁아 어쩔 수 없이 한 공간에 여러 종류의 품종을 심을 경우에는 한랭사를 씌워서 벌이나 다른 곤충, 바람에 의해 날아오는 꽃가루를 막아주는 것이 좋다. 한랭사를 씌울 경우에는 한 품종당 열 포기 내외는 심어야 순계(純系)에 의한 자식 약세 현상을 막을 수 있다. 적은 포기에서 채종을 반복하면 순계화되어, 오히려 약해지기 쉽기 때문이다.

 한랭사를 씌울 경우에는 꽃가루를 옮겨줄 수분용 꿀벌을 넣어주거나 사람이 들어가 핀셋을 이용해 손으로 수술을 따서 다른 꽃의 암술

03.31 사람이 들어가서 꽃가루를 묻혀주기 어려우면 수분용 벌을 넣어도 된다.

03.19 벌과 나비가 들어가지 않도록 한랭사를 씌운 모습.

머리에 꽃가루를 묻혀준다. 수분용 꿀벌의 경우에는 벌통을 넣어주거나 혹은 밥이 되는 먹을거리를 넣어주어야 하는 번거로움이 있다. 간혹 꿀벌이 죽기도 한다.

십자화과 채소의 경우에는 하나의 꼬투리 안에 20~30개의 많은 씨앗이 들어 있고, 한 포기에서는 몇 백 개 혹은 천 개가 넘는 씨앗을 얻을 수 있기 때문에 손으로 수분을 시켜주는 쪽이 효율적일 수 있다는 생각이 든다. 한랭사 안이 조금 좁기는 하지만 인간벌이 되어 보는 것도 참 재미있는 일이다.

씨앗을 받기 위해서는 시기를 잘 기다려야 한다. 대부분의 채소들이 겨울의 추위(저온)를 지나야지만 꽃을 피운다. 겨울이 지나 봄이 되면 꽃이 피고, 6월 중순경부터 채종이 시작되기 때문에 비를 가려주는 것이 안전하다. 대부분 꼬투리 째로 수확을 해서 말리는 것이 좋고, 그늘에서 건조를 시킨다. 십자화과의 씨앗은 특히 작은 편이므로 모래나 흙을 골라내는 번거로움을 막기 위해 뿌리는 잘라내고, 꼬투리가 달린 줄기만 수확하는 것이 좋다.

오도의 씨앗농사 일기 3

역사와 이야기가 있는 씨앗

완두콩을 첫 채종작물로 선택한 이유는 자가수분하는 콩과 작물의 채종이 비교적 쉽기 때문이다. 국내에서는 유기농 씨앗을 구하기 어려워서 스위스와 독일에서 유기농 씨앗을 판매하고 있는 사티바(Sativa)라는 회사에서 씨앗을 샀다. 이 회사는 학교 근처에 사는 장구지 선생을 통해 알게 되었다. 장구지 선생은 1년 중 6개월은 독일에, 6개월은 한국에 머무른다. 학교 근처의 논과 밭에서 생명역동 농법(bio dynamic, 해, 달, 별의 움직임을 살펴 자연과 우주의 리듬을 따르는 유기농업법)으로 농사를 지으며 한국의 발도로프 교육(아이들의 정신적·육체적 발달 법칙에 맞춰 자연물에 가까운 단순한 장난감을 가지고 놀며 이루어지는 교육 방법)을 돕고 있다.

씨앗을 받아 재배해보기를 4년. 품종에 따라 조금씩 차이가 있기는 하지만 사티바에서 구입한 완두콩은 꼬투리도 토실토실하고, 잎과 줄기도 무성하게 잘 자랐다. 하지만 기후 변화가 심한 우리나라에서는 그해 그해의 기후에 큰 영향을 받아 정착을 하기까지에는 많은 시간이 걸리겠다는 생각이 들었다.

사티바 품종과 동시에 같이 재배를 하게 된 완두콩은 대협 2호. 이 씨앗은 농촌진흥청 사이트에 들어가 연구 목적으로 씨앗을 받아 재배해오고 있다. 대협 2호는 우리 지역의 기후에 아주 적합하다는 판단을 내렸다. 식물체의 크기도 적당해서 바람에도 비교적 잘 견디고, 수확량도 많으며, 완두콩 알도 튼실하다. 지역 풍토에 맞으면서도 재배하기 쉽고, 수확량도 넉넉한 종류를 찾기란 쉽지 않다. 하지만 안심하고 먹을 수 있고 안전이 보장된 씨앗을 찾고 싶다는 바람이 하나 둘 모이기 시작하니 몇 년이 걸리는 일도 희망을 가지고 해나갈 수 있는 것 같다.

개인이 한 가지 채소 작물을 몇 년씩 재배하며 연구하는 것은 쉽지 않다. 우리의 연구는 학교라는 든든한 틀이 있기에 가능하다. 4년에 걸쳐 안심하고 씨앗을 받을 수 있는 완두콩을 키우는 데 많은 노력이 들었다.

직접 받은 씨앗에는 씨앗을 받으며 겪은 이야기가 고스란히 담기기 때문에 더 소중한 것이 아닐까? 독일 사티바에서 처음 씨앗을 받아 들었을 때의 감격과 기대, 진흥청에서 씨앗 요청에 응답해주어서 여러 씨앗들이 담긴 종이 봉투가 우편으로 도착했을 때의 기쁨, 비가 오나 바람이 부나 씨앗을 받기 위해 밭으로 나가보고 풀을 뽑고 지주를 해주며 유심히 관찰하며 사진을 찍던 학생들, 그날그날의 관찰을 기록으로 정리하던 흙 묻은 손과 자국들, 그 오랜 시간과 정성이 고스란히 씨앗에 담겨 봄을 기다리고 있다.

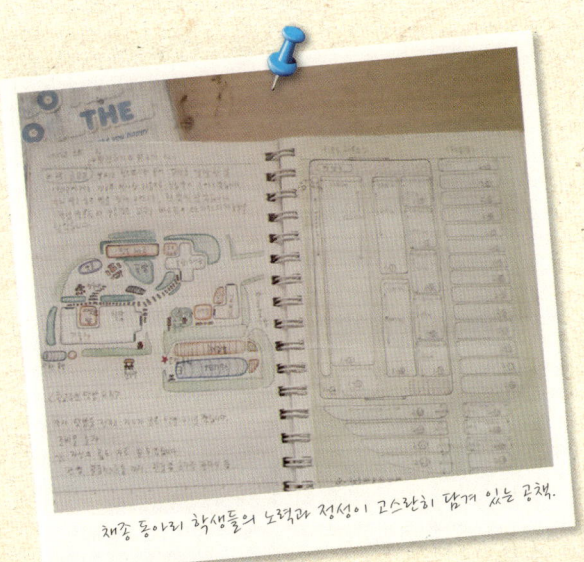

채종 동아리 학생들의 노력과 정성이 고스란히 담겨 있는 공책.

무와 배추는 교잡하지 않는다

같은 과에 속하기는 하지만 속(屬)이 다르면 자연 상태에서는 교잡이 쉽게 이루어지지 않는다. 예를 들어 같은 십자화과 채소인 무와 배추는 교잡을 하지 않는다. 교잡이 안 되는 것으로 보이는 또 다른 이유는 꽃의 색이 다르다는 것이다. 무꽃은 흰색 바탕에 약간의 보라색이 들어 있는 반면, 배추는 샛노란 색의 꽃이 핀다. 꽃 색의 차이가 교잡에 영향을 끼친다는 내용을 일본의 농업 잡지 『현대농업』에서 읽은 적이 있다. 꽃가루는 꿀벌이나 꽃등애에 의해 옮겨지지만, 일부는 바람에 의해 운반되기도 한다.

그럼 배추와 양배추는 어떨까? 이 둘은 십자화과 채소이면서 속(屬)도 같다. 하지만 염색체 수가 다르다. 배추는 n=10이고, 양배추는 n=9이기 때문에 이 둘 또한 교잡하지 않는다.

08.30 토종 수박. 속살이 붉은 수박에 비해 단맛은 덜하지만 장마에 잘 견디고 먹기 좋게 아담하다.

그렇다고 하면, 채종이 까다로운 배추와 무, 양배추의 경우에는 각 채소별로 씨앗의 수명이 꽤 긴 편이기 때문에 1년에 한 품종씩만 채종을 하면, 교잡의 우려 없이 꾸준하게 종을 지켜 나갈 수 있다는 얘기가 된다. 한번 도전해볼 만한 일이다.

손이 많이 가는 박과

타가수분 작물 중에서도 박과 채소인 호박, 수박, 참외, 오이 등은 한 그루 안에 암꽃과 수꽃이 따로 따로 달리는 자웅동주(雌雄同株)이다. 암꽃은 꽃이 피기도 전에 이미 열매가 같이 달리고, 수꽃은 열매 없이 꽃만 달린다. 그렇기 때문에 꽃이 피기 전에 암꽃과 수꽃의 구별이 확실하게 되는 것이다.

자연 상태에서는 열매를 맺기 위해 벌과 나비 등의 곤충에 의해 수정이 이루어지는데, 암꽃과 수꽃이 따로 있기 때문에 자연교잡율이 매우 높다. 조선호박과 단호박을 옆에 심으면, 조선호박도 아니고 단호박도 아닌 호박이 달리는 경우를 쉽게 볼 수 있다.

자연교잡을 막기 위해서 호박꽃이 피기 전인 저녁에 암꽃에 봉지를 씌우고, 이른 아침에 수꽃을 따서 암꽃 봉지를 열고 암술머리에 수술을 문혀준다. 수분을 시킨 후에는 다른 곤충이 오지 못하도록 바로 봉지를 씌워준다. 이때 꽃가루는 유전자의 폭을 넓히기 위해 여러 포기의 꽃가루를 이용하는 것이 좋다. 제대로 수분이 이루어졌는지 알 수 있는 시기는 열매가 골프공 크기가 되었을 즈음이므로 수박과 호박의 경우에는 한 포

냉장고 안에서 봄을 기다리는 씨앗들.

기에 한두 개 정도만 남기고 다른 열매를 따준다. 여러 포기에서 채종을 할 경우에는 망을 씌운 온실 등에서 재배하고, 암꽃이 피기 시작할 즈음에 꿀벌을 넣어주거나 손으로 수분시킨다. 박과 채소에서 열매와 튼실한 씨앗을 얻으려면 손이 참 많이 간다. 손이 가는 만큼 맛이 있다.

씨앗의 보관

씨앗은 습하지 않은 곳에서 보관해야 한다. 때문에 우선은 씨앗을 잘 말리는 것이 중요하다. 씨앗을 넣어 보관하는 봉투는 바람이 잘 통하면서도 습기가 차지 않는 종이가 좋다. 가장 간단한 방법은 빈 통에 실리카겔 등의 건조제를 넣고 영하 1도 정도의 냉동실에 보관하는 방법이다. 적당한 냉장고가 없을 경우에는, 밀폐 건조 조건에서 상온 보관도 가능하다. 냉장고 보관 시에는 씨가 잘 보이는 투명 용기를 이용하는 것이 좋다. 습기가 들어가지 않도록 뚜껑을 잘 닫아 보관하고, 채종한 연도와 도입처를 같이 기록하면 더욱 좋다.

콩과, 박과, 십자화과는 비교적 씨앗의 수명이 길지만, 파나 깨 등은 단명종자(短命種子)이다. 옥수수 같은 경우에는 옛날 농가에서 했던 방식으로 처마 밑에 양파망 등 바람이 잘 통하는 곳에 담아 매달아두는 것도 방법이다.

최근에는 종자은행에 보관을 하는 경우도 많다. 하지만 종자은행에는 말 그대로 고스란히 저장이 되기 때문에, 시시각각으로 변하는 환경에 적응하는 능력이 떨어지게 된다. 예를 들어 10년 전, 50년 전, 100년 전에 재배한 고추는 지금보다 추운 기후에서, 지금보다 더 깨끗한 물로, 지금보다 더 맑은 공기의 환경 조건에서 자랐을 것이다. 그런 환경에서 자란 고추씨를 종자은행에서 받아다가 토종 씨앗이란 이름으로 지금 꺼내서 뿌린다고 했을 때, 그때의 형질을 그대로 간직한 열매를 수확할 수 있을지 의심스럽다.

하루하루 다르게 변하는 기후에 적응하기란 무척이나 어렵다. 씨앗은 환경 변화에 능동적으로 대응할 줄 아는 생명체이다. 그래서 씨앗은 끊임없이 환경과 호흡하고 긴장하며, 그 지역에 적응하면서 계속 진화 전략을 구사한다. 씨앗을 지키는 일은 곧 생물다양성을 보존하는 일이고, 지구 환경을 지키는 소농들의 몫이라고 생각한다.

오도의 씨앗농사 일기 4

농부육종가

씨앗 받기를 10년. 많은 우여곡절 끝에 우리만의 씨앗들이 생겨났다.

우선 앞에서 말한 대협 2호 완두콩과 토종 오이. 토종 오이는 귀농운동본부에 계시는 안철환 선생에게 씨앗을 받아 매년 재배하고 있으며, 이제는 제법 많은 분들과 나눔을 하고 있다.

그리고 마트에서 반찬용으로 구입한 파프리카에서 받은 씨앗을 호기심에 심어보았다. 올해로 F7을 맞이하는 이 씨앗은 해가 갈수록 제법 모양을 갖추어 가고 있다. 처음 씨앗을 사서 심었을 때는 한 가지 모양뿐이었지만, 지금은 다섯 가지 모양의 파프리카로 자리를 잡는 듯하다. 한 가지 모양일 때보다 오히려 모양이 다양해서 보는 즐거움과 먹는 즐거움이 동시에 생긴 셈이다.

토종 오이에 이어 안철환 선생에게 받은 씨앗은 광주무. 첫해에는 발아율이 낮고 모양도 작아서 포기해야 하나 걱정이 되기도 했지만 이 씨앗 역시 4년 만에 제법 크고 맛있는 무를 수확하게 되었다. 일반 무와 크기는 비슷하지만, 잎줄기에 희미하게 보랏빛이 들어가 있어 가을 햇빛에 반짝이면 참 예쁘다. 종묘상에서 파는 무보다 매콤한 맛도 강해 어렸을 때 밭에서 막 캐어 잘라 먹던 무 맛이 떠오른다. 요즘은 김장할 때 배추속으로도 넣고 물김치를 담아 시원하게 먹기도 한다.

그리고 우리가 흔히 먹는 상추와 대파, 아욱, 당근, 시금치 등은 채종이 쉬워서 해마다 유기종자를 재배하고 있다.

채종 10년 만에 터득한 양배추와 브로콜리, 그리고 배추는 고정 씨앗을 받기까지에는 여러 해가 더 걸릴 것 같다. 하지만 그 가치가 충분하기 때문에 쉼 없는 도전이 가능한 것이 아닐까?

마지막으로 우리를 많이 놀라게 한 양파. 종묘상에서 사는 채소 씨앗 중에서 가장 비싼 씨앗 중 하나인 양파는 여러 해를 걸쳐 시도했지만, 작년 가을에 처음으로 제대로 된 씨앗을 받게 되었다.

양파는 가을로 접어드는 9월 10일경에 씨앗을 뿌리면 노지에서 겨울을 나고 이듬해 6월이면 우리가 늘상 먹는 둥근 양파를 수확하게 된다. 그러고 나면 그 양파를 서늘한 곳에 보관했다가 그해 10월경에 온실에 구근째로 땅에 심는다. 심을 때는 구가 아주 조금 땅 위로 올라오게 심는다. 추운 겨울에는 노지에 심었다가 구근이 얼어버릴 우려가 있기 때문에 온실에 심는 것이 좋다. 온실에 심는다고 해서 안심할 수는 없고 양파 주변을 볏짚으로 덮어 얼지 않도록 보온을 해준다. 겨울이 지나고 봄이 되면 양파에서 꽃대가 올라오는데, 처음에는 하나였던 양파가 네 개 혹은 여섯 개, 여덟 개, 많게는 열두 개로까지 갈라져서 놀랄 만큼 많은 꽃대가 올라온다. 양파는 여러 개의 인편으로 이루어져 있는데, 이 조각들이 겨울을 나면서 하나하나의 개체로 성장한다. 사람들이 변화해가는 시대의 흐름 속에서 살아남기 위해 발버둥 치듯이 식물들도 나름대로 살아갈 방법을 찾아가고 있는 것이다. 경이로움 그 자체다.

농부육종가. 육종이라는 단어 때문에 처음에는 부담을 많이 느꼈지만 식물이 자연 속에서 자신의 모습을 지키고 후손을 남기듯, 우리의 작은 노력들은 조금씩 쌓여 농부육종가의 모습으로 점점 변해가고 있다. 이것이 농촌을 살리는 소농들의 몸부림이 아닐까 싶다.

08.15 시장에서 식용으로 구입했던 파프리카에서 얻은 씨를 뿌려 수확한 파프리카. 6년째 채종해서 파종했다. 해를 거듭하면서 대략 다섯 가지 모양으로 열매를 맺었다.

05.24 겨울을 나면서 양파 인편이 갈라져 각각 한 개의 양파로 자랐다. 처음 이 광경을 보고 얼마나 놀랐던지…… 양파 한 개가 네 개가 된 것이다. 씨앗을 남기기 위한 양파의 변신이다.

2부

작물별 씨앗농사 매뉴얼

재배력 보는 법

- 파종
- 모종 아주심기
- 고구마순 아주심기
- 씨앗 수확
- 감자·토란 구근 심기
- 생강·쪽파·부추·마늘 구근 심기
- 고구마 구근 심기
- 꽃피는 시기
- 열매 맺음
- 갈무리
- 무 뿌리 수확·심기
- 당근 뿌리 수확·심기
- 감자 구근 수확
- 양파 구근 수확·심기
- 양파 구근 건조
- 수확한 구근 파묻기

후두둑 떨어지는 씨앗

후두둑 떨어지는 씨앗에는

양파, 대파, 쪽파, 부추가 있다.

씨앗이 여물기 시작하면

씨앗을 싸고 있던 얇은 씨앗주머니가 터지면서

살짝만 두드려도 씨앗이 후두둑 떨어진다.

씨앗이 쉽게 떨어지는 만큼

자주자주 씨앗을 따줘야 하는

번거로움이 있기도 하다.

대파는 먼저 핀 꽃에서부터
씨앗이 여물기 때문에
익는 대로 수확하면 된다.
씨앗이 여물면 까맣고 납작한
씨앗이 보인다.

한 송이에서 씨앗주머니가 10~20%
벌어지면 수확 적기다.

꽃자루를 들고 털면 씨앗이 후두둑 떨어질 때까지 말린다.

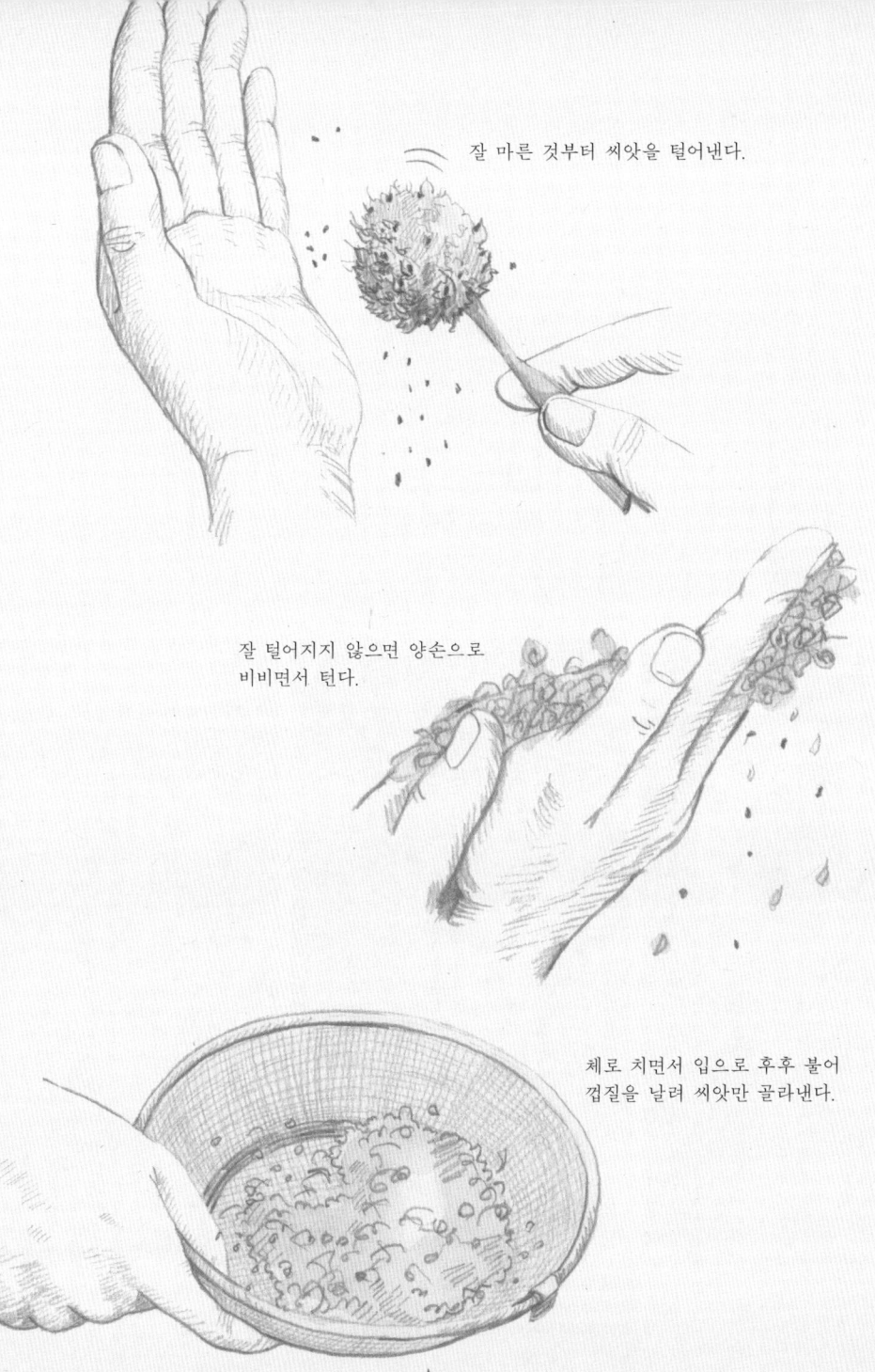

양파

학명 : Allium cepa L.
과 : 백합과
원산지 : 중앙아시아·지중해 연안으로 추정
씨앗 수명 : 2년
재배력

① 10.14 여름에 수확해 저장했다가 10월 온실에 심을 양파.
② 11.21 심은 지 한 달 된 양파.
③ 07.02 여물어 터진 씨앗.

● **재배**

양파처럼 다양한 요리에 쓰임새가 많은 채소도 드물 것이다. 1년 내내 식탁에 오르는 양파는 단맛을 내기 때문에 조미료가 없을 때 큰 역할을 한다.

양파를 먹기 위해서는 수확하기 전해부터 씨를 뿌리고 관리를 해야 한다. 가을이 되면 씨를 뿌리고 늦가을에 본밭에 정식을 해놓으면 겨울 동안 차가운 공기를 받아 튼튼해진다. 텅 빈 겨울 들녘을 심심하지 않게 해주는 신선함도 있다.

양파는 봄이 오면 자라는 속도가 눈에 보일 정도로 빠른데, 잎줄기가 하나둘 꺾이기 시작하는 6월이 되면 천천히 수확 준비를 한다.

● **채종**

양파는 씨앗을 뿌려 채종하기까지 만 2년, 햇수로는 3년이 걸린다. 장마가 오기 전인 6월 중순경에 양파를 수확하고 나면 2개월 정도 휴면 기간을 거쳐 10월경에 싹이 나기 시작한다. 싹이 조금씩 올라온 양파를 노지 밭이나 온실에 심고 볏짚으로 보온을 해준다. 이듬해 6월 초에 꽃이 피고, 6월 중순에 씨앗을 갈무리하기 때문에 장마 피해를 막으려면 온실에 심는 것이 더 좋다. 추운 지방에서는 9월 하순, 중부와 남부 지방에서는 10월 말이나 11월 초에 심으면 어느 정도 땅에 뿌리를 내린 후에 겨울을 맞이하기 때문에 동해 피해를 많이 받지는 않는다.

채종용 모구를 얻기 위한 일반적인 재배에서는 9월 10일경에 씨앗을 뿌리고, 줄기의 밑둥이 연필 굵기 정도인 것을 11월 초에 본밭에 정식한다. 이보다 굵으면 겨울 동안의 저온을 감지해서 그대로 꽃대가 올라와 꽃이 핀다. 정상적인 경우는 바로 꽃대가 올라오지 않고 구가 충분히 커진 후 잎과 줄기가 쓰러진다. 이때가 모구의 수확기이다. 정상적인 모구 즉 먹기에 딱 좋은 양파를 20~30개 정도 골라 양파망에 담은 후, 바람이 잘 통하는 곳에 보관했다가 10월 중순에 온실 안에 정식한다.

양파는 겨울의 저온을 거쳐야 꽃이 핀다. 꽃은 흰색이며 대파꽃과 아주 흡사하다. 벌과 나비 등에 의해 꽃가루가 옮겨지기 때문에, 다른 품종 간의 거리는 500미터 이상 두는 것이 좋다.

꽃이 지고 난 후 씨앗이 여물기 시작한다. 씨앗주머니가 10~20% 열

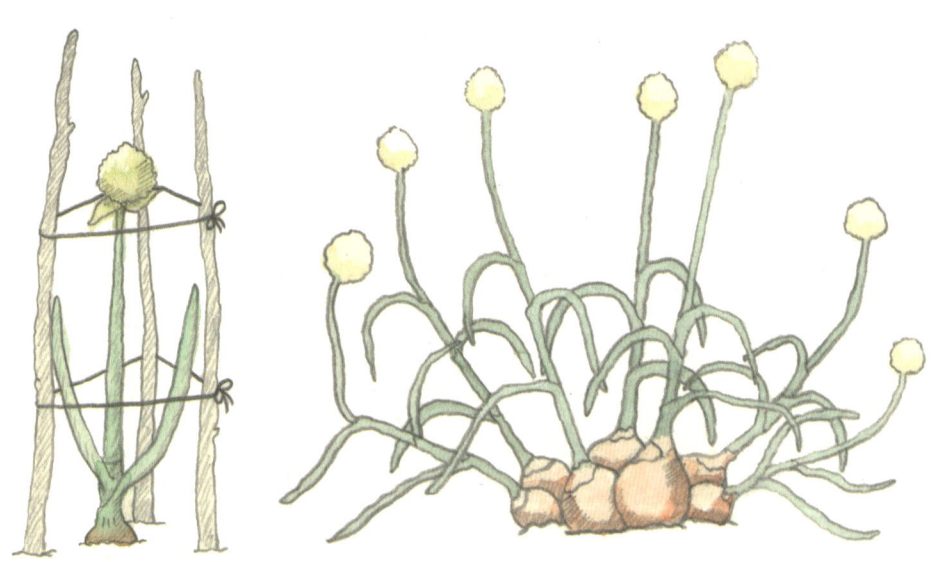

씨를 뿌리고 첫 겨울을 나면 꽃대가 하나 올라온다. 씨앗이 여물기 시작하면 쓰러지지 않도록 지주를 해준다.(좌)
양파 구근을 심어서 겨울을 나면 처음에는 하나였던 구근이 여러 개로 갈라져 많은 꽃대가 올라온다.(우)

렸을 때가 수확 적기다. 검게 익은 씨앗이 보이기 시작하면 꽃대를 길게 남긴 상태에서 자르고 후숙시킨다. 바람이 잘 통하도록 광주리 등에 종이를 깔고 널어두고, 잘 마르면 툭툭 두드리기만 해도 씨앗이 우수수 떨어진다. 키나 체 등을 이용해서 껍질을 날리고 깨끗하게 씨앗을 골라낸 후 저장한다. 양파는 단명종자로 경제적 수명은 1년, 건조제를 사용할 경우는 2년 정도 생명력을 갖는다.

대파

학명 : Allium fistulosum L.
과 : 백합과
원산지 : 중국 서부
씨앗 수명 : 2년
재배력

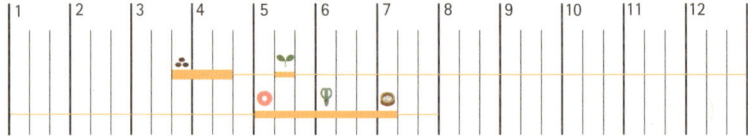

① 09. 12 어린 모.
② 05 02 대파꽃.
③ 07.02 여물어 터진 씨앗.

• **재배**

　채소 작물 중에서 가장 많이 먹으면서도 가장 키우기 어려운 채소가 대파 아닐까 한다. 우리나라의 여름장마에 특히 피해를 많이 보는데, 장맛비를 피해 온실 재배를 하는 경우가 많다. 이른 봄에 씨를 뿌리면 가을에는 튼실한 파를 수확할 수 있는데 자람이 더딘 편이다. 좀 더 건강하고 파릇파릇한 대파를 얻으려면 물 빠짐이 좋은 토양을 고르고, 시금치나 오이 등의 채소와 같이 심어 함께 도우면서 자랄 수 있게 해준다. 다양한 채소들과의 섞어짓기를 통해 토양 내의 환경을 풍성하게 만들어줄 필요가 있다.

　3월 하순부터 4월 상순에 파종상에 씨앗을 뿌린다. 육묘 밭에 이식하고, 손가락 두께 정도로 자라는 8월에 밭에 정식한다. 묘목의 아랫부분까지 햇빛이 잘 닿으면 대파 줄기가 눈에 띄게 두꺼워지므로 얕게 심도록 한다. 그리고 가을에 북을 주어서 연백 부분이 길어지도록 한다. 11월 후반부터 3월 초순까지 수확이 가능하다.

• **채종**

　대파씨를 채종하는 데 걸리는 시간은 2년이다. 3~4월에 씨를 뿌리고, 5월에 모종을 본밭에 아주 심기를 하면 김장철인 11월 말에는 두껍고 튼튼한 대파를 수확할 수 있다. 씨앗을 받기 위해서는 그중 몇 포기를 남겨 두고 겨울을 나게 한다. 겨울을 나고 이른 봄이 되면 꽃대가 올라와 희고 둥근 공 모양의 꽃이 핀다. 한 포기에서 얻는 씨앗은 1천 개 내외이다.

간혹 8월에 씨를 뿌려서 10월에 본밭에 심어 겨울을 나는 경우도 있지만, 이렇게 하면 씨앗을 채종하기에는 너무 어려서 이듬해 봄에 꽃대가 약하고 가늘게 올라온다. 하지만 노지가 아닌 온실에 심을 경우, 좀 늦기는 하지만 씨앗을 얻을 수 있다.

양파와 마찬가지로 씨앗주머니가 10~20% 정도 열리면 꽃대를 잘라 바람이 잘 통하는 그늘에서 말리고, 완전하게 말랐으면 손으로 비비거나 탁탁 털어서 씨앗을 골라낸다. 씨앗 껍질이나 줄기의 가는 대 등은 키를 이용해 바람으로 날려버리거나, 입으로 불어서 최종적으로 씨앗만 남도록 한다.

쪽파

학명 : Allium x wakegi ARAKI (A. fistulosum x A. ascalonicum)
과 : 백합과
원산지 : 원산지 불명
씨앗 수명 : 1년
재배력

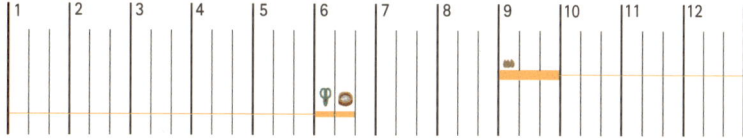

① 09. 12 싹이 나고 있는 쪽파.
② 10. 19 텃밭이 좁은 경우에는 스티로폼 상자 등에 심어서 키울 수 있다.
③ 06. 15 겨울을 난 후 이듬해 6월에 씨앗용으로 수확한 씨알들.

• 재배

쪽파는 채소를 처음 접하는 사람이라도 쉽게 키울 수 있는 채소 중 하나다. 우리나라에서는 김장 김치를 담을 때 꼭 필요로 하기 때문에 초가을에 심어 일부는 김장 때 뽑아 먹고, 일부는 다음해 봄에 수확해 씨로 쓰기 위해 남겨놓는다. 수확한 씨알들은 양파망 같은 곳에 담아 바람이 잘 통하는 그늘에 걸어 놓는다. 여름의 고온기를 거치면서 병에 대한 저항력을 높이기 위해서다.

쪽파는 성장이 빨라 심고 난 후 3개월이면 한 움큼으로 늘어나기 때문에 수확의 기쁨이 두 배가 된다. 예상했던 것보다 수확량이 많으면 대파를 구하기 어려운 겨울에 대비해 저장해둔다. 시든 잎과 뿌리를 잘 다듬어 먹기 좋은 크기로 잘라 냉동실에 넣어 보관하면 이듬해 봄까지 두고두고 먹을 수 있다.

• 채종

학명에서 알 수 있듯 쪽파는 대파와 양파의 교잡종으로 씨앗을 만드는 꽃의 기관이 불완전하다. 그렇기 때문에 씨앗을 맺기 나쁘고, 씨앗을 받기가 불가능해 포기 나누기를 추천한다. 이 방법이 교잡도 없고 합리적이다.

쪽파는 9월에 심어서 11월 말에 수확해 특히 김장에 많이 쓴다. 다음해에 심을 모구를 얻기 위해서는 모두 수확하지 말고, 밭에 심어 놓은 채로 겨울을 나게 하고, 여름이 오기 전인 6월 초에 구근을 수확해서 손질해둔다. 모구의 보관 기간은 3개월이고 3개월 후엔 싹이 나온다.

부추

학명 : Allium tuberosum Rottler
과 : 백합과
원산지 : 중국 서북부 지역
씨앗 수명 : 2년
재배력

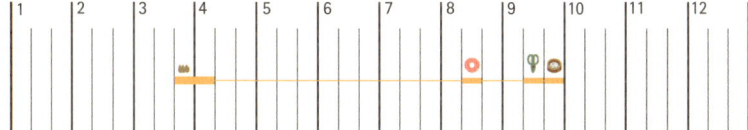

① 11. 03 봄에 뿌리를 옮겨 심어 겨울날 준비를 하는 부추.
② 08. 02 새하얀 꽃이 눈꽃송이를 연상하게 한다.
③ 09. 27 검은 씨앗이 여물었다.

• 재배

부추는 추위에도 강하고 더위에도 강한 여러해살이 풀이다. 섭씨 20도의 서늘하면서도 따뜻한 기후를 좋아하고 어느 토양에서도 잘 자란다. 다만 뿌리가 얕게 뻗기 때문에 건조에는 약한 편이다. 씨앗은 다른 채소들과 비슷한 시기인 3월과 9월에 뿌리지만 1년 내내 수확해서 먹으려면 씨앗을 뿌린 후 3~4년은 지나야 한다. 한번 뿌리를 내리기 시작하면 포기를 나누어서 번식을 하는 것이 씨앗으로 번식하는 것보다 훨씬 간단하다.

• 채종

부추꽃은 씨를 뿌린 후 2~3년 정도 지나면 볼 수 있다. 부추는 씨를 뿌려 번식을 하기보다는 뿌리로 포기 나누기를 하는 경우가 더 많다. 씨를 뿌린 첫해에는 잎이 여리고 가늘기 때문에 3~4년 정도 지난 튼튼한 포기에서 씨앗을 받는 것이 좋다. 5년 이상이 되면 노화가 되고 식용으로 많이 이용하기 때문에 꽃대가 올라오기 전에 잘라내는 경우가 많다. 부추꽃은 대파나 양파꽃처럼 크지 않지만 모양은 비슷하다. 씨앗이 여물어 씨앗주머니가 터지는 모습까지도 많이 닮았다. 꽃이 작아서인지 씨앗도 대파나 양파 씨앗 보다 작은 편이다. 흰색 꽃이 갈색으로 변하면, 터져서 검은 씨앗이 보이기 시작한다. 이때 꽃대를 잘라내고 그대로 종이 봉지 등에 넣고 흔들면 씨앗이 깔끔하게 떨어진다. 다른 채소 작물에 비해 성장이 더디기는 하지만, 한번 수확을 하면 특별한 수고 없이 해마다 수확할 수 있는 든든한 작물이다.

따뜻하면 옷을 벗는 씨앗

따뜻하면 옷을 벗는 씨앗에는
토마토, 오이, 참외가 있다.
세 종류 모두 씨앗 주변에 미끌미끌한 젤라틴이 있다.
밀봉된 상태에서 발효시키면 젤라틴이 씨앗에서
잘 떨어질 뿐만 아니라 이때 생긴 물질 때문에
반점세균병이나 반엽세균병, 궤양병 등이 예방된다.

오이씨를 받을 때는 열매가 초록색에서
누런색이 될 때까지 줄기에 두었다 수확한다.

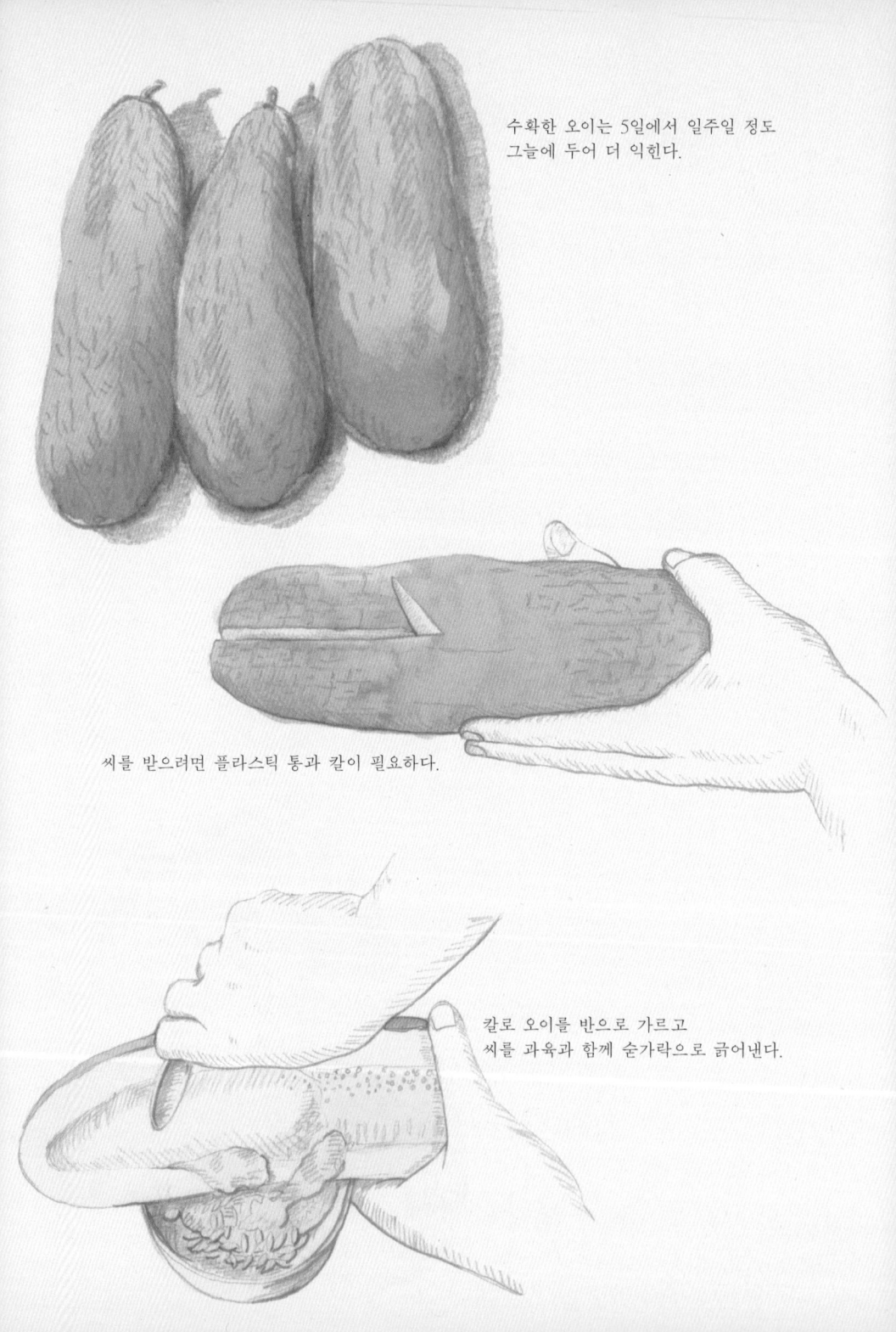

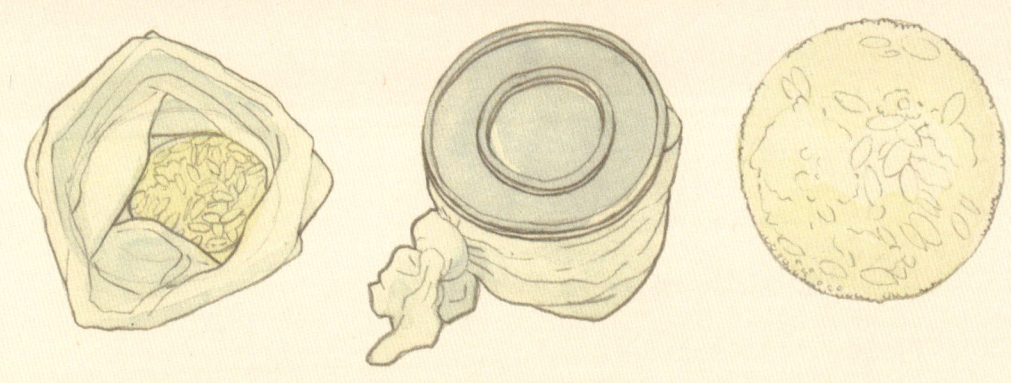

긁어낸 오이씨와 과육을 비닐봉투로 싸서 플라스틱 통에 넣고
비닐봉투로 다시 한 번 폭 싼 다음 햇볕이 잘 드는 곳에 둔다.
섭씨 40도까지 올라가도록 하고 한나절 정도 두면 부글부글 거품이 생긴다.

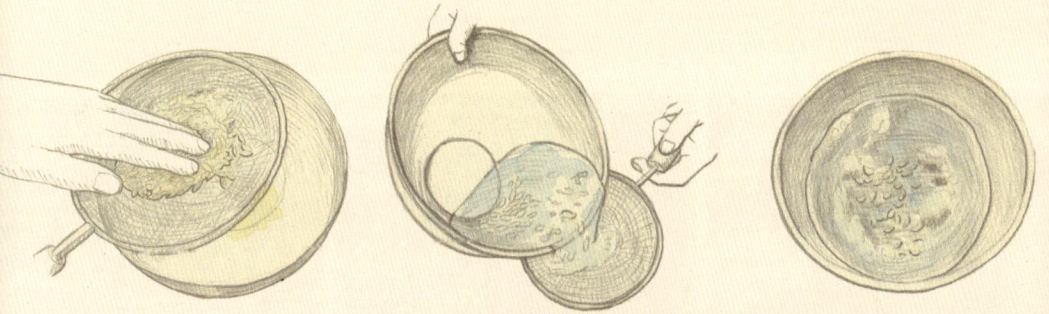

체에 거른 씨를 물에 담아 위로 떠오른 쭉정이를 버리고 가라앉은 씨만 골라낸다.

골라낸 오이씨는 종이나 양파망에 넣어
물이 잘 빠지게 하고
해가 질 때까지 수 시간 햇볕에 말렸다가
다시 그늘에 말린다.

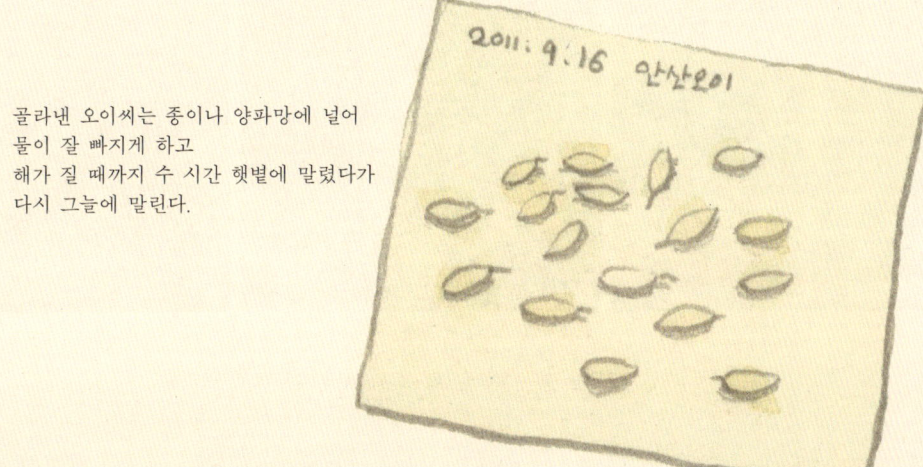

토마토

학명 : Lycopersicon esculentum Mill
과 : 가지과
원산지 : 남미 안데스 산맥 태평양 방면 페루·에콰도르 일대
씨앗 수명 : 3년
재배력

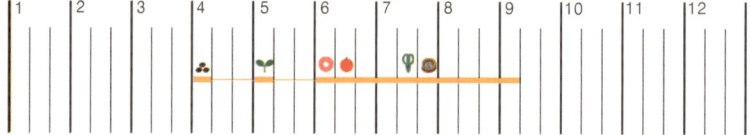

① 05. 05 토마토의 어린 모종.
② 05. 05 품종별로 심어 놓은 토마토.
③ 08. 24 다 익은 토마토. 가장 먹기 좋을 때가 씨앗 받기에도 좋다.

• **재배**

토마토의 원산지는 남미 페루의 안데스 산맥이다. 16세기에 유럽으로 도입되었으며 처음에는 관상용으로 키우다가 18세기가 되면서 먹기 시작하였다. 토마토 하면 보통은 빨간색 토마토를 연상하지만, 노란색에서 보라색까지 다양하고 크기도 천차만별이다. 색과 크기만큼이나 맛도 다양해 아이들에게 토마토 화채를 만들어주면 골라먹는 재미에 푹 빠져버린다. 토마토에는 리코펜(lycopene, 빨간 카로티노이드의 색소)이라고 하는 붉은 색소가 들어 있는데, 이 색소는 밤과 낮의 기온 차가 클수록 진해진다.

토마토는 물 빠짐이 좋은 토양에서 잘 자라고, 공중 습도를 많이 필요로 하기 때문에 온실 재배를 많이 한다. 하지만 노지에서도 바람이

토마토는 잎과 열매가 규칙적으로 달린다. 본잎이 8장 나오고 나면 첫 번째 꽃이 달린다. 첫 번째 꽃을 기준으로 잎이 3장 나오고 나면 다시 꽃이 달리는데 이 규칙을 유지하면서 꽃과 잎이 달린다.

토마토 순지르기. 줄기와 잎 사이에 나오는 어린 순은 모두 따낸다.

많이 불지 않고 햇빛이 잘 드는 곳에서는 잘 자란다. 보통은 토마토가 여름에만 수확이 가능하다고 알고 있지만, 순지르기를 잘해주면 가을까지도 계속 따 먹을 수 있다. 열대 건조지의 남서 아메리카 선주민은
 토마토의 줄기와 순을 따서 지면에 꽂기만 하는 정도로 싹을 틔우고 있다. 접목을 해서 토마토의 수명을 연장시키기도 한다. 접수로는 수확 시기가 긴 품종을 택하고, 대목으로는 병에 강한 품종을 사용한다. 토마토 씨는 아주 많은 솜털로 덮여 있기 때문에 씨를 뿌리기 전 하루저녁 정도 물에 담갔다가 파종을 하는 것이 좋다.
 여름이 가까워지면 토양이 빨리 마르기 때문에 물을 많이 주게 되는데, 수분량의 변화가 급속하게 이루어지면 열매가 갈라지는 현상을 보인다. 또한 토양 내에 칼슘 성분이 부족하면 배꼽썩음병이 나타나며, 질소가 과다하면 잎 끝이 돌돌 말리는 현상이 나타나므로 주의한다.

• **채종**

토마토는 자가수분을 하기 때문에 품종 간의 교잡이 거의 일어나지 않으며, 채종 방법도 간단한 편이어서 자가채종한 품종이 몇 백 종류에 다다른다.

최근 품종은 꽃가루를 받는 기관인 암술머리와 꽃가루를 만드는 기관인 수술의 길이가 같기 때문에 꽃가루 받기도 쉽다. 하지만 미니토마토 등 야생에 가까운 품종은 간혹 자연교잡이 일어나기 때문에 여러 품종의 토마토를 한장소에 심을 경우는 두둑을 여러 개로 나누고 품종과 품종 사이에 콩이나 덩굴성 식물을 심어두면 교잡할 가능성이 거의 없어진다.

토마토는 첫 꽃이 피었을 때 정식해야 땅에 뿌리도 잘 내리고 열매도 잘 맺는다. 열매가 익어가기 시작하면 가장 맛있어 보일 때 토마토를 수확해서 당분간 후숙시킨다. 수확 시기가 늦어지면 과실이 갈라지는 경우가 있기 때문에, 튼실하게 잘 자라는 포기에서 병충해가 없는 열매를 골라 표시를 해두었다가 수확하는 것이 좋다.

2~3일 정도 후숙시킨 열매를 오목한 그릇에 넣는다. 약간의 물을 부은 다음 투명한 봉지 속에 넣어 온실이나 따뜻한 곳에 두고 발효를 시킨다. 채종가에 따라 다소 방법의 차이가 있다. 열매를 통째로 그릇에 넣기도 하고 열매를 손으로 으깬 다음 그릇에 담기도 한다. 시간이 지나면 거품이 생기고 발효가 시작된다. 이것은 종자를 싸고 있는 젤라틴에 작용하는 세균에 의한 것이다. 여기에서 생겨난 항생물은 반점세균병, 반엽세균병, 궤양병 등에 효과가 있다고 알려져 있다. 단, 발효 기간

이 너무 길어지면 씨에서 싹이 트기 때문에 주의한다.

  날씨가 좋은 날에 온실에 넣어두면 한나절 정도면 거품이 생긴다. 거품이 생기면 바로 종자를 꺼내서 체에 담고 흐르는 물에 씻는다. 깨끗하게 될 때까지 살살 문지르면서 씻어낸다. 영근 씨앗을 골라내기 위해 물에 담가서 가라앉은 씨앗들만 골라낸다. 젤라틴이 떨어지면 아주 가늘고 짧은 털에 둘러싸인 씨앗이 나타난다. 이 씨앗을 수 시간 햇빛에 말린 후 다시 그늘에서 말린다. 젤라틴이 제거되었다고는 해도 종이에 씨앗을 널어서 말리면 달라붙기 때문에 손으로 일일이 떼어내야 한다. 양파망 등을 이용하면 쉽게 떨어지고 바람도 잘 통하기 때문에 안성맞춤이다.

  채종을 큰 규모 사업으로 하는 곳에서는 몇 톤씩 되는 과즙에 염산을 넣어서 종자를 단시간에 깨끗하게 한다. 하지만, 이 방법으로는 세균성 궤양병을 예방할 수 없다.

오이

학명 : Cucumis sativus L.
과 : 박과
원산지 : 인도 서북부 히말라야
씨앗 수명 : 4~10년
재배력

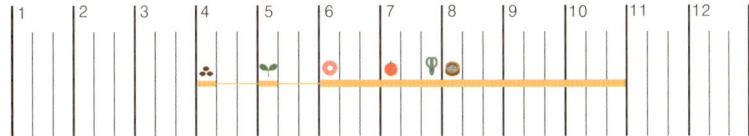

① 05. 03 어린 모종.
② 05. 25 무성해진 오이.
③ 08. 09 노각이 되면 씨앗 받기에 적당하다.

• **재배**

산에 오르기 전 가방 속에 꼭 챙겨 넣는 오이는 많은 사람들의 사랑을 받는다. 껍질을 벗기지 않고 먹어도 되므로 편리하고, 씹을 때 나는 아삭아삭 소리가 경쾌하다.

오이는 1,500년 전 삼국시대에 중국에서 우리나라로 도입되어 재배되기 시작했으며 요즘은 1년 내내 구입이 가능하다. 그 종류도 다양하다.

특히 토종 오이의 맛은 말로 표현할 수 없을 정도로 신선하다. 크기는 작지만 단단하고, 오이 표면에 가시 같은 돌기들이 촘촘하게 나 있다. 자칫 잘못하면 손을 찌르기도 하지만 오이를 좋아하는 벌레들에게 이 가시가 큰 장애물이라 병충해를 막아준다.

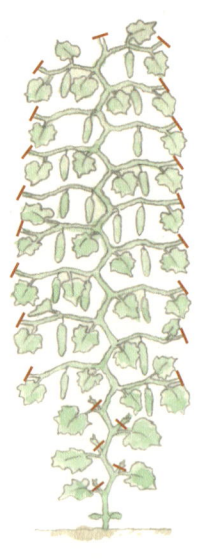

어미덩굴은 지주나 끈으로 유인하고 아래부터 5~6마디까지 곁순을 따내준다.
아들덩굴은 본엽을 두 장씩 남기고 그 다음부터 순지르기를 한다.
토종 오이는 덩굴이 뻗기 때문에 지주를 해주기보다 볏짚을 깔아 바닥을 기게 하는 것이 좋다.

요즘 시중에 나오는 오이들은 대부분이 마디 오이로, 줄기의 마디마다 오이가 열린다. 수확 시기가 하루만 늦어져도 모양과 맛이 떨어지기 때문에, 살집이 올라 도톰해지기 시작하면 바로 수확한다. 또한 가는 줄기의 보호를 위해 지주를 튼튼하게 세워주고 필요에 따라서는 바람막이를 해준다.

거름으로는 계분을 주기도 하지만 계분만 주는 것이 아니라 낙엽이나 부엽토를 섞어주면 더욱 좋다. 단 계분을 지나치게 많이 주면 쓴맛이 강해지므로 주의한다.

• 채종

오이씨를 받기 위해서는 두 포기 이상을 준비하는데, 다섯 포기에서 열 포기 정도가 적당하다. 다른 박과 채소들과는 교잡하지 않지만, 같은 오이끼리는 교잡할 수 있기 때문에, 만약 여러 품종을 한장소에 심을 경우는 인공수분을 해주는 것이 좋다.

오이는 열매 하나에서 아주 많은 씨앗을 얻을 수 있기 때문에 다섯 포기 정도 심었을 경우 두세 개의 열매만 남겨 두고 수확하도록 한다. 꽃가루받이가 잘되었을 경우는 한 개의 열매에서 100개 이상의 씨앗을 얻을 수 있다. 토종 오이의 경우는 열매가 점점 커지고 노란색으로 변하며 껍질이 거칠거칠해질 때까지 덩굴에 달려 있게 한다. 노각이 될 때까지 두는 것이다.

수확한 오이는 수일간 그늘에서 후숙을 시키는데, 손가락으로 눌렀을 때 약간 들어가는 정도가 되도록 한다. 후숙시킨 오이는 칼로 세로로 자른 다음, 숟가락으로 종자와 속살을 같이 긁어낸다. 긁어낸 것을 둥근 볼이나 국그릇 등에 담아 비닐봉지로 싼 후 종자 주변에 붙어 있는 젤라틴이 잘 떨어질 때까지 따뜻한 온도에서 발효시킨다.

날씨가 좋은 날 온실에 넣어두면 한나절 혹은 하루 정도면 충분하다. 토마토와 마찬가지로 발효 과정을 거치면 오이에 생기는 병을 막을 수 있다. 발효시킨 씨앗은 물로 씻어낸다. 물에 떠오르는 덜 여문 씨앗들은 흘려 보내고, 아래에 가라앉는 영근 씨앗만 이용한다.

금방 씻은 씨앗은 구멍이 촘촘하고 바람이 잘 통하는 양파망 등을 이용해서 말리는 것이 좋다. 일주일 정도면 충분히 마른다.

참외

학명 : Cucumis melo var. makuwa Makino
과 : 박과
원산지 : 아프리카·인도·중국
씨앗 수명 : 3년
재배력

① 05. 02 어린 모종.
② 07. 11 열매를 달고 있는 사과참외.
③ 08. 26 일반 참외보다 덜 노랗지만 달콤하고 장마에 강하다.

• **재배**

참외는 수박과 거의 같은 시기에 우리나라에 도입되었으며 여름에 가장 손쉽게 구입할 수 있는 과채이기도 하다. 노란 껍질 속에 흰색 씨앗이 모여 있는데, 이 씨앗은 해열제로서의 효능이 있으며 기름을 짜서 이용하기도 한다.

참외는 좋아하는 사람이 많은 만큼 키워보기에 도전하는 사람도 많지만 성공 비율은 그리 높지 않다. 햇빛을 좋아하기 때문에 우리나라의 기온에는 적합하지만 대부분은 온실에서 재배가 이루어지고 있다. 6월 장마가 큰 장해 중의 하나이고, 8월의 오랜 건조 기후도 문제가 된다. 참외 뿌리는 토양 속에 얕게 뿌리를 내리기 때문에 건조기가 이어지면 생육에 지장을 일으킨다. 뿌리는 산소를 많이 필요로 하므로 장마 기간동안 토양 내 수분이 증가하면 잘 자라지 못한다.

참외를 오랫동안 수확하기 위한 또 하나의 방법은 순지르기를 게을리하지 않는 것이다. 텃밭에 들를 때마다 보이는 대로 참외 순을 따주면 잎도 무성해지고 튼실한 참외를 얻을 수 있다.

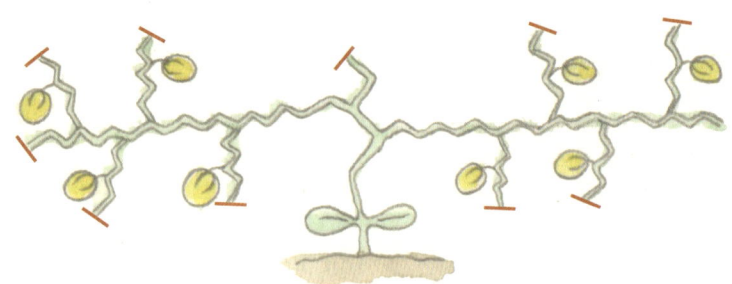

암꽃이 피면 4분의 3정도는 열매를 맺지 않는다.
처음 핀 암꽃에서 열매 맺을 확률이 높기 때문에 순이 어느 정도 뻗으면 순지르기를 해준다.

• **채종**

참외는 같은 박과 채소인 오이나 수박과는 교잡하지 않지만, 멜론과는 교잡하기 때문에 가까운 곳에 심을 경우 400미터 정도의 거리를 두는 것이 좋다. 원종의 경우는 이보다 긴 800미터의 거리가 필요하다.

참외는 우리나라처럼 장맛비가 내리는 곳에서는 노지 재배가 어려우므로 대부분 온실에서 재배한다. 꽃이 피는 시기도 장마철과 겹치기 때문에 수확할 확률은 많이 떨어진다. 장마를 피하기 위해서는 6월 중순에 씨앗을 뿌리고 노지에 옮겨심기를 하면 8월에 수확이 가능하고, 달고 맛있는 참외를 먹을 수 있다.

꽃은 매우 작다. 암꽃이 피어도 4분의 3 정도는 열매를 맺지 않는다. 처음에 핀 암꽃에서 열매를 맺을 확률이 높기 때문에, 순이 뻗어나가기 시작하면 부지런히 순지르기를 해준다. 튼튼한 모종을 골라서 심고, 열매가 익기 시작하면 향기가 좋고, 색이 진하며, 과육이 두꺼운 참외를 고른다. 먹기 좋은 열매를 수확해서 2일 정도 후숙시킨다. 열매를 갈라낸 후 씨앗을 물로 씻고, 물에 뜨지 않는 영근 씨앗들만 골라 물기를 뺀 후, 일주일 정도 말린다.

보송보송 털이 많은 씨앗

보송보송 털이 많은 씨앗에는
당근, 쑥갓, 상추가 있다.
당근처럼 씨앗에 작고
단단한 털이 돋아 있기도 하고,
꽃이 피었다 진 뒤
씨앗 끝에 털이 달리기도 한다.

쑥갓꽃은 6월에 피어 7월이면 씨앗이 여문다.
씨앗이 여물면 가위와 소쿠리를 들고 밭으로 간다.

가위로 잘라낸 씨앗을
소쿠리에 신문이나 종이를 깔고 말린다.

검게 변한 꽃만 가위로 잘라
바구니에 담는다.

씨앗이 바삭바삭 말랐으면 씨앗과 검은 털이
분리될 때까지 마구 비빈다.

키질을 해서 검불을 버리고
씨앗만 모은다.

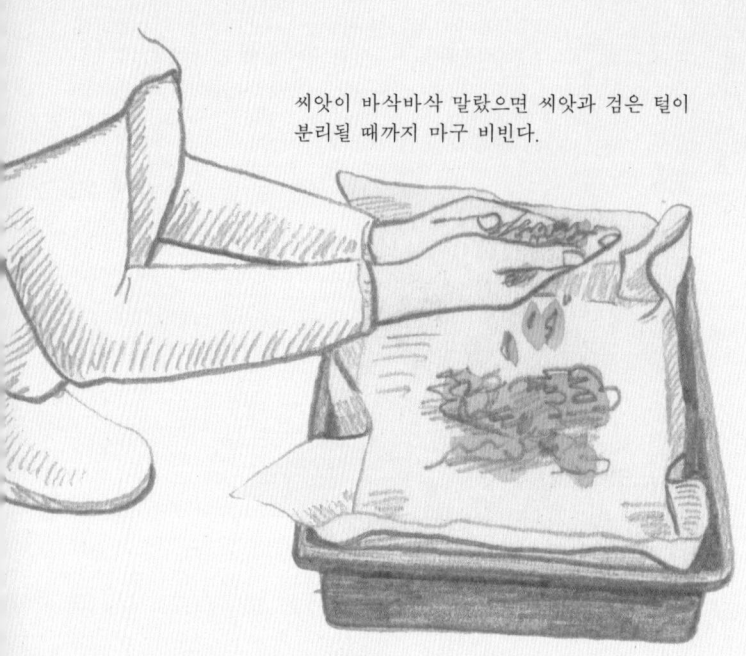

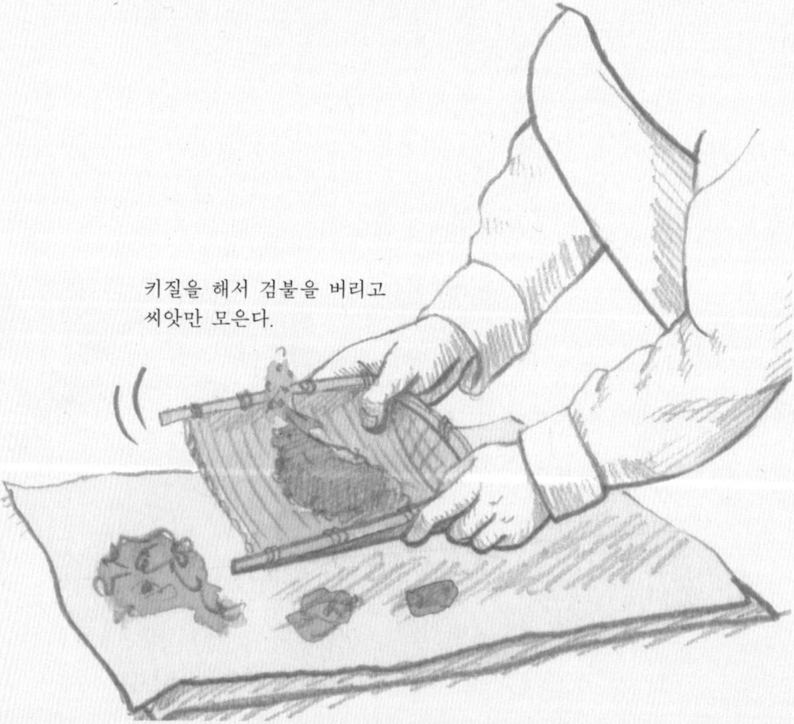

당근

학명 : Daucus carota L. var. sativa Dc
과 : 산형과
원산지 : 아프가니스탄
씨앗 수명 : 3년
재배력

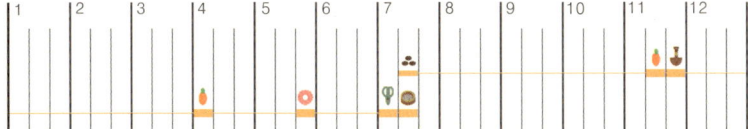

① 11. 28. 가을에 수확한 당근. 잎을 자르고 땅속에 저장한다.
② 05. 02. 이듬해 봄 온실에 심어 자라는 당근.
③ 05. 25. 올망졸망 흰 꽃들이 예쁘다.
④ 07. 29. 씨앗이 여물면 가위로 자른 후 말린다.

• **재배**

검은 흙 사이로 서서히 모습을 드러내는 주황색 당근의 아름다움은 맑은 미소를 머금게 한다. 당근 잎은 깃털 모양으로 가늘게 갈라져 텃밭에 찾아든 조용한 바람결에도 하늘거린다.

당근은 비타민 A를 비롯하여 카로틴, 철분 등이 많이 들어 있어 영양 가치가 뛰어나다. 주황색은 식욕을 돋우는 역할을 한다. 당근 잎을 먹지 않고 버리는 경우가 많지만 잎에도 비타민과 칼슘이 많으며 식용 가능하다.

당근은 보통 봄과 가을 두 번에 걸쳐 재배한다. 물이 잘 빠지고 모래가 많은 밭에서 잘 자라며 온도는 섭씨 18~20도가 적당하다. 당근은 씨앗을 많이 맺는 편이지만 씨앗을 뿌렸을 때 싹이 나는 수가 적기 때문에 수확하려고 하는 양보다 많은 양의 씨를 뿌려야 한다.

또 당근 씨는 잠자는 시간(휴면 기간)이 있기 때문에 씨앗을 받고 난 후 3개월 정도 지난 다음에 뿌려야 한다. 씨앗을 뿌린 후 흙을 얇게 덮고 손으로 가볍게 눌러주면 좋다. 그리고 난 후에는 반드시 물을 주고 흙이 수분을 유지하도록 부엽토나 볏짚, 팽연 왕겨 등으로 흙 덮개를 해준다. 본잎이 두 장이 되면 하나 걸러 하나씩 뽑아 솎아주고, 본잎이 세 장에서 다섯 장일 때 두 개 걸러 하나씩 솎아준다. 본잎이 일곱에서 여덟 장일 때 솎아주기를 끝낸다.

가을 재배의 경우는 감자를 수확한 후에 심으면 좋다. 감자밭은 퇴비를 많이 넣고, 수확을 할 때도 깊이갈이를 하기 때문에 밭 만들기도 편하다. 흙을 파낸 상태에서 그대로 두둑을 만들고 씨앗을 뿌리면 된다.

뿌리채소인 당근은 옮겨심기를 싫어하기 때문에 직접 땅에 씨를 뿌린다. 솎아낸 모종을 다시 옮겨 심는 사람도 종종 있는데, 대부분의 뿌리채소들은 옮겨심기를 하면 울퉁불퉁해져 우스꽝스러운 모양이 된다.

• **채종**

순백색의 작은 송이들이 옹기종기 모여서 피는 당근꽃은 보기에도 예쁘지만, 씨앗도 많이 맺는 효자 작물이기도 하다. 당근꽃의 꽃가루는 곤충들이 옮겨주기 때문에 품종 사이에 꽃가루가 쉽게 섞일 우려가 있다.

씨앗을 받기 위해서는 여름에 씨를 뿌리고, 수확할 시기가 되면 당근 표면이 매끄럽고 색이 예쁘며 머리 부분이 평평해서 보기에도 좋은 당근을 선별한다. 선별한 후에는 머리 부분을 제외한 대부분의 잎을 따내고, 30센티미터 깊이로 땅을 판 다음에 당근을 묻는다. 땅속에 묻을 때는 빗물이 들어오지 않는 온실에 뿌리 부분이 위로 올라오도록 묻는 것이 좋다. 노지에 묻을 때는 볏짚이나 포장 등으로 윗부분을 덮어 최대한 빗물이 들어가지 않도록 한다. 추위에 강한 품종의 경우는 가을에 당근을 수확하지 않고 그대로 밭에 남겨놓고, 두껍게 볏짚을 덮어 겨울을 나게 한다. 겨울이면 눈에 덮여 오히려 단맛이 많이 나기도 하고, 당근이 좀 작아도 꽃대가 튼실하게 올라와 오히려 더 많은 꽃을 피우기도 한다.

땅에 묻었던 당근을 늦서리 걱정이 없어질 즈음에 꺼내서 밭에 심어두면 5월 말에서 6월 초에 꽃을 피운다. 당근꽃은 하얗고 무척 아름답다. 여러 대의 줄기 위에 작은 꽃들이 달리는데, 꽃다발의 지름은 10센티미터 정도다.

씨앗이 여물기 시작하면 가늘지만 통통한 씨앗들이 꽃 한 송이에 하나씩 맺히는데, 그 무게가 만만치 않아 지주를 해주는 것이 좋다. 씨앗이 여물기 시작하는 시기가 장마 때인 만큼, 씨앗 수확기에 비가 많을 때는 빨리 꽃대를 잘라서 실내에서 말리거나 우산 모양으로 비 가림 시설을 해주는 것이 안전하다.

꽃대의 가장 위와 그 다음 가지에 핀 꽃에서 좋은 씨앗이 맺힌다. 씨앗 양이 충분하다 싶으면 이 가지들만 잘라내서 씨앗을 받거나, 씨앗이 여물기 전에 아랫부분의 꽃눈들을 따준다. 밭에 너무 오래 두면 씨앗

5~6월이 되면 흰 색 꽃이 뭉쳐 피어 다발 모양이 된다.
꽃이 지고 나면 바로 씨앗이 여물기 때문에 쓰러지지 않도록 지주를 해주는 것이 좋다.

이 여무는 동시에 땅으로 떨어져 운이 좋으면 씨를 뿌리는 수고 없이도 당근을 수확할 수 있다. 품종 간의 간격은 500미터가 적당하다.

　당근 씨앗 주변에는 뾰족뾰족한 가시 모양의 돌기가 있다. 판매용 씨앗은 기계로 거친 부분을 다 털어내어 매끈하다. 하지만 집에서 채종한 씨앗은 거친 그대로다. 그 거친 부분 덕분에 당근 씨앗은 땅속으로 깊이 파고들어갈 수 있다고 한다.

상추

학명 : Lactuca sativa L.
과 : 국화과
원산지 : 유럽·서아시아
씨앗 수명 : 1년
재배력

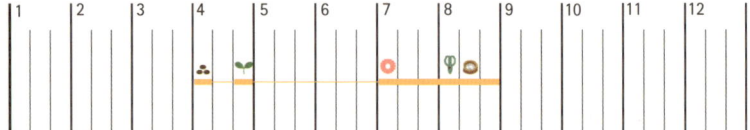

① 05. 02 어린 모종.
② 06. 22 6월이 되면 꽃망울이 올라온다.
③ 07. 04 노란 꽃이 피었다.
④ 08. 09 꽃이 지면 그 자리에 털이 달리고 씨앗이 여물기 시작한다.

● **재배**

상추는 먹기에도 좋지만 보기에도 예쁘다. 연한 녹색에서부터 짙은 보라색에 이르기까지 다양한 색깔로 텃밭을 아름답게 장식한다. 뿌리 내림도 그리 넓지 않기 때문에 화분에 심어 베란다나 창가에 놓아두어도 된다.

상추는 비교적 서늘한 기후에서 잘 자라지만 더위에는 약하다. 생육 적온은 월 평균 온도 기준으로 섭씨 15~20도이며, 결구에는 10~16도가 적합하다. 생육 기간 중 온도가 높아지면 꽃대가 올라오고, 쓴맛이 늘어나며 생리적 장애 등 여러 가지 병에 걸리기 쉽다.

상추는 봄에 일정한 간격을 두고 씨를 뿌리기 시작하면 가을까지 계속해서 먹을 수 있다. 품종에 따라서는 한 포기에서 잎을 여러 번 따 먹을 수 있지만 다소 관리가 필요하다. 잎이 난 다음부터는 바람이 잘 통하고 서늘한 곳에서 관리를 한다. 햇빛을 너무 많이 받거나 양분을 많이 주면 잎이 뻣뻣해져서 맛이 떨어진다. 부엽토나 유기질 거름을 섞어 토양을 부드럽게 만들어줄 필요가 있다.

흔히 상추를 많이 먹으면 졸음이 온다고 하는데, 줄기에서 나오는 우윳빛 즙액 때문이다. 즙액에 락투세린과 락투신이 들어 있어 진통과 최면 효과가 있다. 상추에 잎을 갉아 먹는 벌레가 생기지 않는 이유도 여기에 있는 것은 아닌지 궁금해진다. 상추에는 비타민과 무기질이 풍부하여 빈혈 환자에게 좋다.

• **채종**

상추는 자가수분하지만 드물게 자연교잡도 일어난다. 같은 시기에 다른 품종의 꽃이 피어 있을 경우에는 2~3미터의 거리를 두거나 품종과 품종 사이에 키가 큰 다른 작물을 심어서 교잡율을 0% 가까이까지 줄일 수 있다. 우리나라에서는 씨앗이 여물기 시작할 때 장맛비가 내리기 때문에 비 가림이 필요하다. 비를 가리려면 온실에 심는 것이 좋지만, 여의치 않을 경우는 우산 모양으로 임시 온실을 만들어준다.

작고 노란 꽃이 모여서 피는데, 씨앗이 여물 즈음에는 노란 꽃이 지고 보송보송한 흰색 털이 올라오면서 끝이 뾰족하고 납작하며 긴 타원형의 씨앗이 달린다. 옅은 회색과 갈색 씨앗들은 아주 가벼워서 바람이 살짝만 불어도 날아가버릴 것만 같다.

잎을 먹을 수 있을 정도로 모종이 자란 때부터 씨앗이 익을 때까지

여름이 가까워지면 서서히 꽃대가 길어지는 상추.
꽃이 필 즈음에는 꽃대가 1미터 이상으로 자라고 작고 귀여운 노란꽃이 많이 달린다.

2개월 정도가 걸린다. 날씨가 차츰 따뜻해지면서 가운데 부분이 점차 적으로 뻗어 올라와 7~8월이 되어 씨앗이 여물 즈음에는 꽃대를 자르 거나 포기째로 뽑아서 비 맞을 우려가 없는 서늘한 곳에 거꾸로 매달 아놓는다. 그러면 줄기에서 필요한 양분이 계속 씨앗으로 전달되기 때 문에 덜 여물었던 씨앗들이 서서히 익는다.

결구 상추의 경우 수직으로 반이 되는 부분에 칼집을 내거나 잎을 따서 꽃대가 잘 나올 수 있도록 도와준다. 그렇게 하지 않으면 꽃대가 결구 속에 둥글게 뭉쳐 밖으로 나오지 못한다.

완전히 건조시킨 후에는 손바닥 위에 올려 놓고 문지른 후에 둥근 볼이나 체에 넣고 살살 흔들면 가벼운 털이나 껍질 등이 위로 올라온 다. 손으로 걷어 내거나 입으로 불어서 날려도 좋고, 작은 키나 체를 이 용해도 깨끗한 씨앗을 얻을 수 있다. 건강한 포기에서는 6만립의 종자 를 얻을 수 있다.

쑥갓

학명 : Chrysanthemum coronarium L.
과 : 국화과
원산지 : 지중해 연안
씨앗 수명 : 3년
재배력

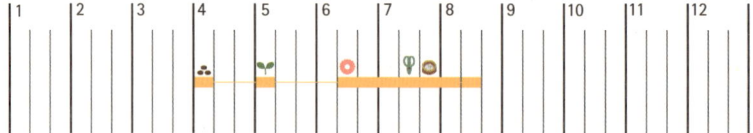

① 06. 24 쑥갓꽃은 노란 국화를 닮았다.
② 07. 02 씨앗이 여문 것부터 잘라 말린다.
③ 07. 02 꽃잎이 마르면 솜방망이처럼 변한다.

• 재배

청록색의 잎과 노란색과 흰색이 어우러진 꽃을 가진 쑥갓은 화단에도 어울리는 채소다. 봄에는 약간 추위가 있을 때는 3월 말, 그리고 가을에는 너무 춥지 않을 때인 9월에 씨앗을 뿌리면 거의 1년 내내 먹을 수 있다. 모종을 본밭에 아주심기 하고 나면 5월부터는 잎을 따서 먹을 수 있고, 6월 중순부터는 꽃이 피기 시작한다.

온대성 기후를 좋아하지만, 더위에도 강한 편이어서 노지에 심을 경우는 8월에도 수확이 가능하다.

• 채종

봄과 가을, 1년에 두 번 수확이 가능한 쑥갓은 봄에는 약간의 추위가 남아 있을 때, 가을에는 너무 춥지 않을 때에 씨앗을 뿌린다. 자라는 속도가 빠르며 물을 충분하게 주면 계속해서 수확이 가능하다. 국화과에 속하는 만큼 잎과 꽃이 일반적인 국화와 많이 닮았다.

봄에 씨앗을 뿌리면 6월에는 꽃이 피기 시작하는데 그 사이에도 잎을 따서 먹을 수 있다. 하지만 점점 날이 더워지는 7~8월이 되면 줄기와 잎이 억세지기 때문에 잎을 먹기보다는 씨앗을 수확하기 위해 남겨두는 것이 좋다.

한 포기에서 많은 씨앗을 얻을 수 있다. 꽃이 지고 나면 검게 변하면서 씨앗이 여문다. 꽃 한 송이에서 200여 개의 씨앗을 받을 수 있으며, 씨앗이 여물기 전의 꽃은 먹을 수도 있어 유용하다.

탁탁 털어내는 씨앗

탁탁 털어내는 씨앗에는

배추, 무, 브로콜리, 청경채 같은 십자화과 채소와

콩, 팥, 녹두 같은 콩과 채소가 있다.

씨앗을 감싸고 있는 꼬투리가 단단해서

도리깨나 나뭇가지로 두드려서 씨를 털어낸다.

겨울 동안 땅속에 저장했던 무를 꺼내서 옮겨심기 하면
5월 초에 꽃이 피고 6, 7월이면 꼬투리가 생긴다.
씨앗 꼬투리가 생긴 줄기를 가위로 통째 자른다.

줄기는 다발을 만들어 끈으로 묶은 다음,
그늘지고 바람이 잘 통하는 처마 밑에 매달아 말린다.

꼬투리가 터질 정도로 마르면
바닥에 포장을 깔고 줄기째 올려놓는다.
도리깨나 나뭇가지로 두드려서 씨를 턴다.

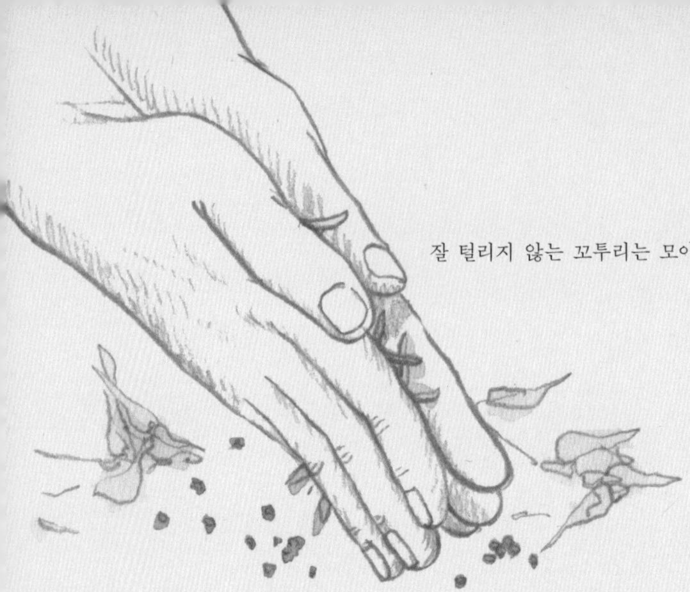

잘 털리지 않는 꼬투리는 모아서 손으로 비비면서 턴다.

털어낸 것은 체에 거르거나 키질하여 검불을
버리고 씨앗만 골라낸다.

배추

학명 : Brassica campestris L. ssp. pekinensis (LOUR.) RUPR.
과 : 십자화과
원산지 : 중국 북부
씨앗 수명 : 5년
재배력

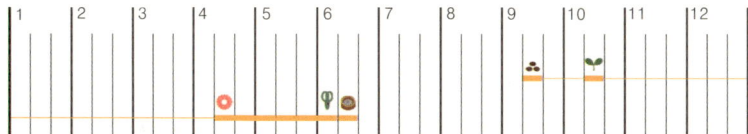

① 09. 13 어린 모종.
② 05. 03 겨울을 난 뒤 노란 꽃이 핀다.
③ 06. 14 씨앗이 여물면서 갈색으로 변한 대를 잘라서 한 다발씩 묶는다.
④ 06. 14 갈색 튼실한 열매가 대견하다.

• 재배

　배추는 봄부터 겨울까지 빼놓을 수 없는 김치의 주재료다. 그만큼 우리나라 사람들에게는 더할 나위 없이 친숙한 채소다. 봄에 씨앗을 뿌려 두 달 만에 수확이 가능한 봄배추에서부터 겉절이용 배추, 김장용 배추 등 수요만큼이나 종류도 다양하다.

　배추흰나비와 무름병의 피해를 가장 많이 받는 채소이므로 늘 세심한 관찰이 필요하다. 배추의 잔 뿌리는 비교적 얕고, 원뿌리는 깊게 뻗으므로 밑거름을 전체에 뿌려 괭이로 갈아주듯이 하는 것이 좋다.

십자화과 채소(배추, 양배추, 브로콜리, 청경채, 백경채)는 모종을 옮겨 심을 때 떡잎 바로 아래까지 흙에 묻어야 바람에 쓰러지지 않는다.

• 채종

　배추는 자기 꽃의 꽃가루를 받지 않는다. 다른 포기의 꽃가루를 받아 수분을 하기 때문에 두 포기 이상을 한장소에 모아서 심고 그 안에서 서로가 교잡하도록 한다. 씨앗을 받기 위한 배추는 겨울의 저온을 지나야 꽃이 피기 때문에 가을에 씨를 뿌린다. 김장용 배추씨를 뿌리는 시기보다 한 달 정도 늦게 뿌리면 포기가 적당한 크기로 자란 상태에서 겨울을 나고 꽃을 피우게 된다. 품종당 5~10포기 정도씩을 모아서 심고, 품종별로 그물망을 씌워 핀셋으로 인공수분을 시켜주거나 망 속에 수분용 벌을 넣어 꽃가루를 옮기도록 한다. 꽃대가 1.5미터 이상으로 뻗어 나가기 때문에 망을 높고 넓게 치는 것이 안전하다. 너무 좁을 경우에는 꽃이 망에 닿아 벌들이 다른 꽃가루를 옮길 우려가 있다.

교잡을 막기 위해서는 400미터 이상 거리를 두어야 하고, 작은 밭에서 두 종류 이상의 채종은 어렵다. 십자화과 채소의 경우, 대부분 같은 시기에 꽃이 핀다. 안전하게 씨를 받기 위해서는 교잡의 가능성이 없도록 한 해에 한 종류만 재배하는 것이 좋다. 그러나 같은 십자화과 채소라도 무는 배추와 교잡이 일어나지 않으므로 같은 시기에 재배해도 괜찮다.

배추처럼 여러 포기에서 씨를 받을 때는 어렸을 때부터 튼튼하게 잘 자라고 보기에도 좋은 포기를 골라 표시를 해 두는 것이 좋다. 초기에는 생육이 좋지 않다가 우연하게 많은 종자를 달고 있는 포기가 눈에 띄더라도 미리 골라두었던 포기에서 씨앗을 받는 게 좋다.

봄이 되면 점점 꽃대가 올라오고, 유채꽃과 같은 모양의 노란 꽃이 핀다. 노란 꽃에서부터 점차적으로 열매 꼬투리가 생기기 시작하고, 갈색으로 변하면서 열매가 익어간다. 전체의 3분의 2 정도가 갈색으로 변하면 줄기를 잘라내고 비가 들이치지 않는 처마 등에 매달아 말린다. 종자가 잘 말라 털기 좋게 되기까지 일주일 정도를 예상하고 기다리도록 한다.

  배추 씨앗은 백경채나 청경채, 유채씨 등과 크기나 색깔이 비슷하기 때문에 이름표를 반드시 붙여두도록 한다.

십자화과 채소의 인공수분

아직 피지 않은 꽃봉오리가 있으면 핀셋으로 수술을 모두 떼어낸다.
꽃봉오리 안에서 수술이 터지면 꽃가루가 제 암술머리에 묻을 수 있기 때문이다.

암술만 남으면 활짝 핀 꽃봉오리에서 핀셋으로 수술을 떼어 암술머리에 꽃가루를 묻힌다.

십자화과(배추, 무, 양배추, 브로콜리, 청경채) 채소를 인공수분 하는 모습.

무

학명 : Raphanus sativus L.
과 : 십자화과
원산지 : 중국 북부
씨앗 수명 : 5년
재배력

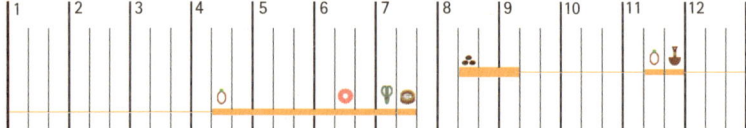

① 11. 14 갓 수확한 무.
② 11. 16 땅속에 묻어 얼지 않게 저장한다.
③ 04. 13 봄이 되면 꺼내서 줄기가 올라오게 심는다.
④ 06. 24 무 꼬투리는 두껍지만 그 안에 들어 있는 씨는 4~5알뿐이다.

• **재배**

　채소 중에서 가장 오래된 역사를 가지고 있는 무는 약 6천 년 전의 피라미드 벽화에서도 찾을 수 있다. 뿌리에는 비타민 C와 소화 효소인 디아스타제(diastase)가 많이 들어 있고, 가을에 말려 시래기로 먹는 잎에는 비타민 A, C가 풍부하다.

　무를 심으면 시간이 지날수록 흙 위로 하얀 살을 드러내고, 점점 녹색이 되는 부분이 보인다. 채소를 처음 키우는 사람들은 이 부분에 흙으로 북을 주기도 하는데, 흙 밖으로 나오는 부분은 무의 줄기 부분에 해당하기 때문에 그대로 노출해두도록 한다. 줄기를 덮으면 호흡과 광합성이 일어나지 않아 잘 자라지 않거나 썩어버릴 우려가 있다. 갓 수확한 무를 잘 관찰해 보면 윗부분과 아래쪽의 흰 뿌리 부분이 구별될

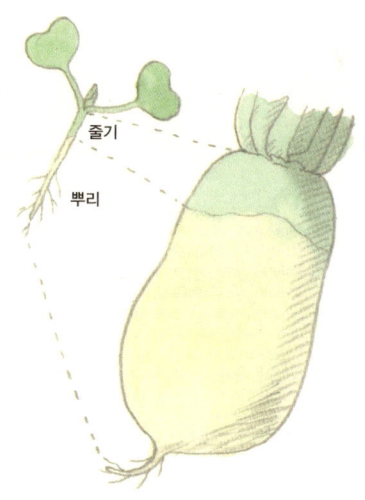

무는 뿌리와 줄기로 나눌 수 있다. 무 싹이 올라오면서 줄기가 숨을 쉬기 위해 땅 위로 계속 올라온다.

것이다. 맛에도 차이가 있어 흰 뿌리 부분은 시원한 맛이 강하고, 줄기 부분은 단맛이 강하다.

무는 햇빛을 좋아하는 호광성(好光性) 채소이면서도 서늘한 기후를 좋아한다. 생육 적온은 섭씨 17~20도이고 내서(耐暑)·내병성(耐病性)은 배추보다 약하여 섭씨 0도 정도가 되면 잎의 피해는 적지만 비대한 뿌리는 얼기 쉽다. 무는 건조할수록 생육이 억제되고 쓴맛과 매운맛이 증가한다. 또한 거름으로 미완숙 퇴비를 주거나, 땅속에 돌이 많으면 뿌리가 두 개로 갈라지므로 주의한다.

• 채종

씨앗을 받기 위해서는 8월 중순이나 늦어도 9월 초에는 씨앗을 뿌린다. 김장용 무를 심는 시기와 같다고 보면 된다. 가을이 되어 무 밑동이 커지면 첫 서리가 내리기 전에 수확한다. 수확한 무를 여러 개 늘어놓고 평균적인 특징을 갖고 있으면서 보기에도 좋은 무를 선발해 땅속에 묻어 겨울을 나도록 한다. 땅에 묻을 때는 줄기가 나오는 부분이 잘리지 않도록 조심해서 잎을 다듬고, 뿌리가 위로 향하도록 거꾸로 묻는 것이 중요하다.

봄이 되면 무를 꺼내서 아주심기를 하는데, 노지의 경우는 서리 피해를 받지 않도록 하기 위해 5월 초 이후에 정식한다. 온실 내에서 씨를 받을 경우는 4월에 아주심기를 해도 괜찮다. 모본은 가능한 한 모아서 심도록 하고, 꽃이 피고 열매가 맺기 시작하면 서로가 버팀대가 되어 바람에 쓰러지지 않도록 한다.

무꽃은 배추나 양배추 등과는 달리 보라색이 섞인 흰색이며 열매주머니인 꼬투리나 씨앗의 모양, 크기 등도 완전히 다르다. 같은 십자화과 채소지만 꽃 색깔이 다르기 때문에 배추, 양배추와는 교잡하지 않는다.

무의 꼬투리는 길이가 짧고 두껍다. 잘 말려서 털어내려고 해도 생각처럼 쉽게 떨어지지 않는다. 멍석이나 파란색 시트를 깔고 그 위에 줄기째 잘라 올려놓는다. 도리깨나 나뭇가지 등으로 두드려서 가지에서 꼬투리만 털어내고, 꼬투리만 다시 한 번 두드린다. 도중에 바람이나 키를 이용해서 꼬투리와 씨앗을 나눈다. 그래도 잘 떨어지지 않는 씨앗들은 손으로 일일이 꺼내도록 한다. 번거로운 작업이지만, 노력 끝에 얻은 씨앗은 그 어려움이 다 사라질 정도로 예쁘고 신비롭다. 씨앗의 크기는 쌀알과 비슷하며 둥글고 약간 오목하다.

무 씨앗은 4~5년 정도 보존이 가능하므로 심고 남은 씨앗을 잘 보관하면 해마다 씨앗을 받지 않아도 된다.

브로콜리

학명 : Brassica oleracea var. italica
과 : 십자화과
원산지 : 지중해 연안
씨앗 수명 : 5년
재배력

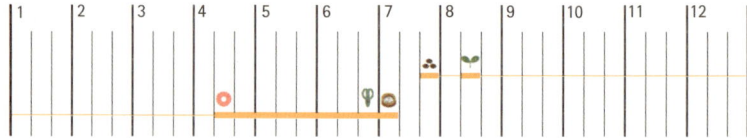

① 08. 22 어린 모종.
② 04. 03 겨울을 난 후 꽃봉오리가 올라온 브로콜리.
③ 04. 13 꽃가루가 섞이지 않게 한랭사를 씌우고 있다.
④ 05. 27 연노란색 브로콜리 꽃.

• 재배

브로콜리와 콜리플라워는 겉으로 보기에 색깔의 차이가 있을 뿐, 자라는 모양이나 꽃의 생김새는 거의 같다. 양배추와 같이 서양에서 들어온 채소이며 영양 가치가 높아 소비가 많다.

우리가 먹는 부위는 꽃에 해당하는데, 많게는 몇 백 개의 꽃들이 빼곡하게 들어차 다발 모양을 만든다. 모든 생물들이 그렇듯 열매를 맺기 위해 최대한의 영양분을 꽃과 열매로 보내는 과정을 거친다. 토양 내 양분이 너무 많으면 잎이 무성해지고 꽃봉오리가 작아진다.

양배추의 잎은 동글동글하고 매끈한 반면, 브로콜리와 콜리플라워 잎은 길쭉하면서 잎 가장자리에 물결 모양이 들어가 구별이 가능하다.

• 채종

브로콜리 씨앗을 받기 위해서는 가을에 씨앗을 심어 어느 정도 자란 상태에서 겨울을 나야 한다. 겨울이 지나 4월에 꽃이 피기 시작해 5월이 되면 꼬투리가 생긴다. 완전하게 여문 씨앗을 얻기 위해서는 7월이 되어야 한다.

브로콜리도 배추, 무와 같이 다른 포기에서 핀 꽃의 꽃가루를 받는 것이 좋기 때문에 두 포기 이상, 대여섯 포기 정도의 모종을 모아서 같이 심는다. 꽃이 아주 비슷한 양배추, 콜리플라워, 케일, 콜라비 등과 교잡할 가능성이 있기 때문에 2킬로미터 이상 거리를 두는 것이 좋다. 같은 장소에서 여러 작물의 씨앗을 받으려고 한다면, 한 종류씩 망을 씌우고 사람이 들어가서 인공수분을 해주거나 수분용 벌을 넣어준다.

꽃봉오리가 올라오기 시작하면 가운데에서 가장 먼저 올라오는
꽃봉오리를 수확해서 먹고 그 아래 줄기와 잎 사이에서 나오는 꽃봉오리를 그대로 두었다가 씨앗을 받는다.

꽃봉오리가 올라오면 식물체의 윗부분이 무거워지기 때문에 지주를 해 준다.

줄기의 성장이 멈춘 뒤에 꼬투리가 생기고 점차 노랗게 변하다가 갈색이 된다. 그러나 모두가 똑같은 시기에 익는 것은 아니다. 대부분의 꼬투리가 말라서 꼬투리를 흔들었을 때 소리가 나는 정도가 되면 포기 전체를 잘라낸다. 충분하게 말린 후에 씨앗 보관용 냉장고에 넣어 저장한다.

청경채

학명 : Brassica campestris var. chinensis
과 : 십자화과
원산지 : 중국 화중 지방
씨앗 수명 : 5년
재배력

• 재배

상추만큼이나 잘 알려진 쌈채소 중의 하나로 모종을 내서 심기도 하고, 직파를 한 후 자라는 대로 솎아내어 먹으면서 키우기도 한다. 일단 싹이 난 뒤에는 물 관리만 잘해주면 자라는 속도가 눈에 보일 정도로 빠르다. 건조에는 약한 편이다. 한여름에는 한랭사를 씌워 온도를 조절

청경채는 쑥갓과 같이 심으면 잘 자란다. 질산 농도가 낮아져 쑥갓 품질이 좋아지고 쑥갓 잎이 무성해서 잡초가 잘 올라오지 못한다. 청경채는 십자화과고 쑥갓은 국화과로 양분 경합도 적다.

하고 해충으로부터 묘를 보호한다. 씨앗을 뿌리는 시기는 연중 가능하지만 7~8월은 너무 덥기 때문에 피하는 것이 좋다.

• 채종

청경채는 다른 십자화과 채소에 비해 잘 자라고, 겨울을 난 후 바로 꽃이 피기 때문에 교잡의 가능성도 적다. 가능하면 많은 포기를 모아서 심도록 한다. 어린 포기에서 모본을 고르는 것보다는 어느 정도 자란 후 그중에서 씨앗을 받을 묘를 선택하는 것이 좋다.

다른 작물도 마찬가지지만, 씨앗을 받기 위해 재배하는 밭에는 거름을 내지 않거나 아주 적은 양만 밑거름으로 준 후 재배하는 것이 좋다. 씨앗의 양은 적어지지만 그 작물이 가지는 원래의 모습과 아주 흡사한 건강한 씨앗을 얻을 수 있다.

한 포기에서 줄기 하나가 나온 뒤 점차 자라며 측면에서 여러 개의 가지가 뻗고 꽃이 핀다. 꼬투리가 엷은 갈색이 되면 포기째 잘라내서 말린다. 바람이 잘 통하는 곳에서 충분히 말린 후, 날씨가 좋은 날에 시트 위에서 털어낸다. 씨앗이 고온에 닿으면 발아율이 떨어지기 때문에 한두 시간 정도만 햇빛에 말린 후 저장한다. 종자의 수명이 길어 저장만 잘하면 매년 채종할 필요도 없다.

시금치

학명 : Spinacia oleracea L.
과 : 명아주과
원산지 : 중앙아시아 아프가니스탄 주변
씨앗 수명 : 5년
재배력

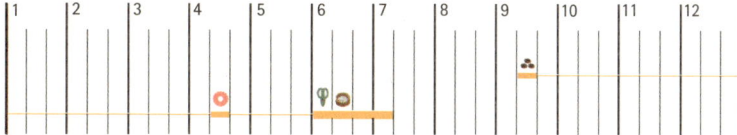

① 04. 27 직파해서 자란 어린 모종.
②,③ 04. 27 시금치 암꽃과 수꽃.
④ 05. 03 5월이 되면 꽃이 무성해진다.
⑤ 06. 06 대와 열매가 갈색으로 변하면 수확한다.

• **재배**

텃밭에 시금치가 풍성하게 자라고 있으면 마음까지 넉넉해진다. 열매가 열리는 것도 아니고 그렇다고 잎이 알록달록 화려한 것도 아닌데 말이다. 어려서부터 시금치를 많이 먹으면 뼈가 튼튼해진다는 얘기를 줄곧 들으면서 자랐기 때문인가 싶다.

시금치는 더위에 민감하다. 주로 잎을 먹는 채소이기 때문에 여름의 더위를 피해 봄, 가을에 씨앗을 뿌리면 된다. 가을에 조금 일찍 씨를 뿌리면 겨울 동안에도 수확을 할 수 있는데 그 맛이 일품이다. 어느 채소에서도 맛볼 수 없는 단맛이 숨어 있다.

시금치에는 서양종과 동양종(재래종)이 있는데 씨앗과 잎 모양으로 구별한다. 동양종의 경우는 씨앗이 뿔 모양으로 뾰족하고, 잎 끝이 톱날처럼 들쑥날쑥하다. 선호도에 따라 현명하게 구별해서 심을 필요가

시금치는 다른 작물보다 잎자루가 길기 때문에
씨를 뿌릴 때는 빽빽하게 뿌려서 서로 의지해 자라도록 하고, 어느 정도 자라면 솎아내면서 키우도록 한다.

겨울에는 잎이 땅에 닿을 정도로 늘어지기 때문에
그때는 간격을 넉넉히 둘 수 있도록 충분히 솎아주기를 한다.

있다. 다른 씨에 비해 껍질이 두껍기 때문에 하룻밤 물에 담갔다가 심는 것이 좋다.

• **채종**

암꽃과 수꽃이 다른 포기에서 피는 암수딴그루(雌雄異株) 작물로 꽃은 연한 노란색이며, 암꽃과 수꽃이 1대 1의 비율로 4월부터 핀다. 추위에 강하기 때문에 이른 봄과 늦가을에 씨를 뿌리면 잎을 먹을 수 있고, 씨앗 또한 두 번 채종이 가능하다. 단 봄에 씨를 뿌렸을 경우에는 꽃대도 약하게 올라오고 씨앗이 적게 달린다.

수꽃과 암꽃 모두 꽃잎이 없어 눈에 잘 띄지 않는다. 암꽃은 줄기와 잎 사이에서 여러 송이의 꽃이 모여 달리고, 수꽃은 줄기의 윗부분에 다발로 모여 달린다.

수꽃의 꽃가루가 터질 즈음에는 바람이 살짝만 불어도 꽤 멀리까지 날아가기 때문에 먼 거리에서도 교잡될 가능성이 있다. 꽃가루 양도 많아서 수그루는 적게 하고 암그루는 많게 하는 것이 채종하는 데 효율적이다.

채종을 위해 선발한 포기의 이삭이 갈색을 띠고 열매가 딱딱해지면 줄기가 아직 파랗더라도 밑동을 잘라낸다. 한 주먹씩 다발을 지어 완전히 마를 때까지 처마 밑에 걸어둔다.

씨앗이 마르면 딱딱하고 모서리가 뾰족하기 때문에 장갑을 끼고 털어낸다. 서양종은 비교적 간단하게 털 수 있지만 동양종의 경우에는 손으로 일일이 털어내거나 발로 밟아서 분리하는 것이 좋다.

아욱

학명 : Malva verticillata L.
과 : 아욱과
원산지 : 중국
씨앗 수명 : 1년
재배력

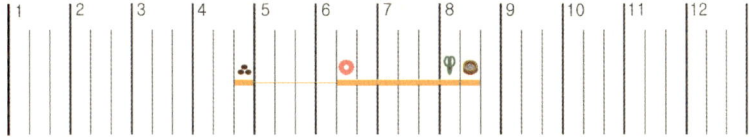

• 재배

 아욱만큼 재배하기 쉬운 채소도 없을 것이다. 모종을 내도 좋고, 직파를 해도 싹이 잘 올라온다. 햇빛이 잘 들고 촉촉한 땅을 좋아하며 토양을 가리지 않는 편이다. 자라는 도중에는 연한 잎과 줄기를 수확해서 먹는다. 7월이 되어 꽃이 만개하면 8월에는 씨앗을 받을 수 있다. 씨앗이 여물기 시작하면 익는 대로 하나둘 떨어지는데 떨어진 씨앗에서 바로 싹이 트기 때문에 한번 심은 곳에서 계속 수확이 가능하다.

• 채종

 아욱은 씨앗 뿌리기에서부터 씨앗을 거두기까지 손이 별로 가지 않

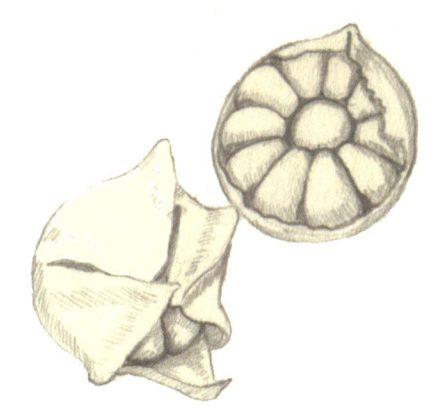

작고 납작한 씨앗주머니 속에 동글동글한 씨앗들이 여러 개 모여 있다.

으며 씨앗도 많이 맺는다. 꽃을 보기 위해 키우는 원예종 아욱과는 많이 있지만, 먹기 위해 키우는 아욱은 한 가지 정도밖에 없다. 특히 외국에서는 먹는 일이 거의 없다.

토양이 따뜻해지는 4월 말에 노지에 씨앗을 직접 뿌리면 10일 전후에 싹이 나고, 6월이면 꽃이 핀다. 흰색의 작은 꽃들이 줄기와 잎 사이 사이에 빼곡하게 핀다. 7월이 되면 씨앗이 여물기 시작하고 8월이 되면 씨앗을 받을 수 있다. 씨앗을 받는 시기를 놓쳐서 조금 늦기라도 하면 땅에 떨어지고 며칠 안에 싹이 올라와 가을 내내 뜯어 먹을 수도 있다.

아욱씨의 수명은 짧으므로 해마다 씨앗을 받는 것이 좋다.

근대

학명 : Beta vulgaris L. var. cicla L.(B. v. L. var. flavescens DC., Beta cicla L.)
과 : 명아주과
원산지 : 유럽 남부
씨앗 수명 : 2년
재배력

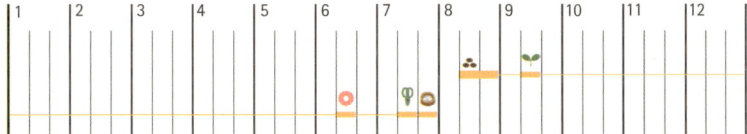

① 05. 02 씨앗 하나에서 서너 개의 싹이 나온다.
② 06. 14 키가 하우스 높이만큼 자란 근대.
③ 07. 11 씨앗이 갈색으로 여물면 줄기째 잘라 말리면 편하다.

● **재배**

우리나라에서 심는 근대는 주로 녹색이지만, 서양에서 심는 근대 줄기는 노란색, 빨간색, 주황색, 흰색 등 다양한 종류가 있어 텃밭에 심으면 꽃밭처럼 화려해 보인다. 채소를 처음 심는 사람들에게 꼭 추천하고 싶은 채소 중 하나다. 근대는 병에도 강하고 해충에도 강하며 키우기도 무척 쉽다. 씨앗의 모양이 울퉁불퉁해 신기하기도 한데, 한 개의 씨앗을 뿌린 곳에서 2~5개의 싹이 나온다. 잘 마른 씨앗을 주머니에 넣고 나뭇가지로 살살 두드리면 알곡이 갈라지면서 씨앗이 나뉜다. 나누지 않고 그대로 심어도 자라는 데는 문제가 되지 않는다. 봄에 씨앗을 뿌리면 11월에 서리가 내리기 전까지 계속해서 수확이 가능하다.

● **채종**

근대는 8월 중순에 심어 겨울을 나고 이듬해 6월이 되면 꽃이 핀다. 꽃은 아주 작고 노란빛을 띠는 연두색이다. 꽃대가 1.5미터 이상으로 올라오고, 잎은 넓고 줄기가 굵기 때문에 꽃이 눈에 잘 띄지 않는다. 곤충과 바람으로 꽃가루를 옮기는 2년생 작물이다. 꽃이 필 때는 다른 포기의 꽃가루를 막기 위해 한랭사 등의 망으로 씌우는 것이 안전하다.

씨앗이 여물기 시작하면 줄기와 잎 사이에 덩어리 모양으로 씨앗이 여러 개 모여서 난다. 밝은 갈색이 되면 수확을 시작한다. 줄기를 잘라내고 작은 잎들을 따낸다. 그 다음 씨를 털어내고 망이 촘촘한 체를 이용해 너무 작은 씨앗은 골라낸다. 햇볕에는 절대 말리지 않도록 한다.

양배추

학명 : Brassica oleracea var. capitata
과 : 십자화과
원산지 : 지중해 연안·소아시아 지역
씨앗 수명 : 4년
재배력

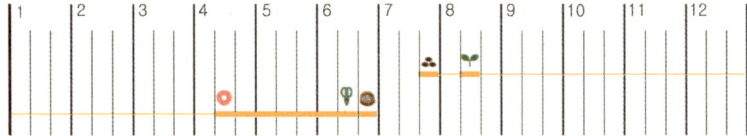

● **재배**

양배추는 서양 채소라는 이미지가 강하지만, 최근에는 우리나라에서도 소비가 많아 자주 볼 수 있으며 직접 키우는 사람들도 늘어나고 있다. 종류는 우리가 흔히 먹는 청양배추와 보라색 양배추 두 가지가 있다. 한곳에 심으면 푸른 잎과 보라색 잎이 서로 대조를 이루면서 텃밭의 이미지를 밝게 만들어준다.

시기를 잘 맞추면 우리나라 기후에서는 두 번 수확할 수 있다. 이른 봄(2월 말이나 3월 초)과 7월에 씨를 뿌리면 각각 7월과 11월에 수확이 가능하다. 한참 자라기 시작할 때 배추흰나비의 피해만 제대로 막아주면 비교적 잘 자란다.

양배추는 우리가 주로 먹는 동그란 부분과 겉잎, 두 부분으로 크게 나뉜다. 겉잎이 열 장이 된 후부터 결구를 시작하는데, 결구가 되는 잎들은 안쪽으로 들어가면서 광합성을 할 수 없게 된다. 실제로 광합성을 하는 것은 열 장의 겉잎들이다. 얼핏 보기에는 겉잎들이 두껍고 튼실해 보이지만 실은 살짝만 건드려도 부러지기 때문에 텃밭을 산책할 때나 작업할 때 주의가 필요하다.

• **채종**

양배추 씨앗을 받기 위해서는 2년이 걸린다. 가을에 씨앗을 뿌리고 어느 정도 포기가 앉은 상태에서 겨울을 난 후 봄이 되면 서서히 꽃을 피운다. 둥글고 딱딱하게 포기가 앉은 양배추를 그대로 두면 꽃대가 잎을 뚫고 올라오기 어렵기 때문에 양배추 머리 가운데 부분에 십자가 모양으로 칼집을 넣는다. 처음에는 가볍게 칼집을 내고, 시간이 지난 후 가운데 부분이 볼록하게 튀어나오면 다시 한 번 칼집을 내준다. 너

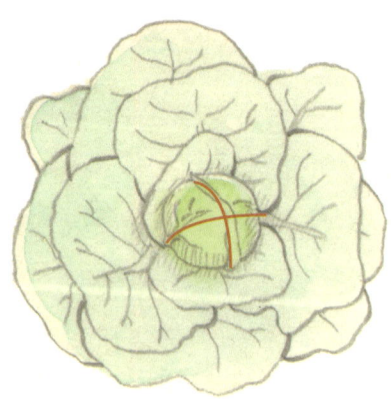

양배추 머리 가운데에 십자가 모양으로 칼집을 넣어준다.

무 깊게 넣으면 꽃눈에 상처가 생기므로 칼집을 넣는 깊이를 조절해야 한다.

양배추는 다른 포기에서 핀 꽃의 꽃가루를 받기 때문에 한 품종당 적어도 대여섯 포기를 심도록 한다. 그중에서 가장 좋은 포기가 어린 모종일 때 표시를 해두었다가 이른 봄에 꽃이 피고 열매를 맺으면 수확하도록 한다. 간혹 양배추를 수확한 후 남아 있는 곁순에서 나온 꽃이 씨앗을 맺는 일도 있다. 하지만 이런 씨앗은 품질이 떨어지는 경우가 많다.

씨앗 꼬투리가 갈색이 되고 흔들었을 때 소리가 날 정도가 되면 수확할 시기이다. 수확한 줄기는 가볍게 한 주먹 정도의 양을 한 묶음으로 해서 고무줄로 묶고, 처마 등 바람이 잘 통하는 그늘진 곳에 걸어둔다. 완전히 말리려면 10일 정도 걸린다. 그 후 날씨가 좋은 날에 큰 시트를 깔고 다발째 올린 다음 막대기로 두드리거나 살살 밟으면 씨앗이 우수수 떨어진다. 꼬투리가 잘 벌어지지 않고 그대로 붙어 있는 것은 잘 여물지 않은 씨앗일 확률이 높다. 지나치게 말라서 씨앗이 튀어나오는 경우에는 양파망 등에 넣어서 주무르거나 막대기로 살살 두드려서 봉지에 바로 넣는 방법도 있다.

시중에서 판매하는 F1 씨앗을 사서 고정하는 데까지는 최소한 6~7년이 걸린다. 배추와 마찬가지로 꽃대가 1.5미터 정도로 높이 올라오기 때문에 망을 높이, 그리고 품종별로 씌우도록 한다. 대부분 사람이 들어가서 직접 꽃가루를 옮겨줘야 하기 때문에 망을 여유 있게 씌운다.

참깨

학명 : Sesamum indicum L.
과 : 참깨과
원산지 : 이집트·인도
씨앗 수명 : 1년
재배력

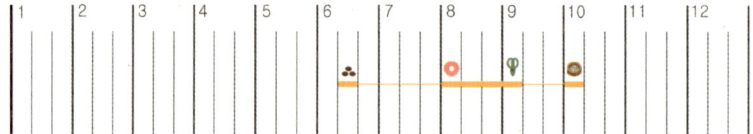

● 재배

 옛날부터 우리의 각종 음식에 빠짐없이 들어가는 참기름. 요즘은 싼 값에 손쉽게 참기름을 얻을 수 있지만, 고소한 맛이 강한 국산 진짜배기 참기름은 여전히 귀하다. 참깨는 비교적 재배하기 쉬운 작물이지만 반드시 씨앗을 적기에 뿌려야 한다. 난지에서는 5월이 되면 씨를 뿌리기 시작한다. 늦어지면 잡초 피해를 받거나 발아 직전에 비 피해를 받을 수 있다. 참깨는 몸집에 비해 잎의 면적이 좁기 때문에 광합성량이 상대적으로 부족하다. 장마 기간에 받는 햇빛 양에 따라 수확량이 달라진다. 특히 열매가 영글기 시작하는 6월에 장마가 길어지고 비가 많이 내리면 쭉정이가 생기는 원인이 된다.

참깨 농사의 수확량은 농부의 노력에 비례하는 것이 아니라 자연의 섭리에 달려 있다고 해도 과언이 아니다. 발아 온도는 최저 섭씨 10~12도, 최적 35도 정도이므로 파종 적기는 남부 지방은 5월 초순, 중부 지방은 5월 중순이다. 파종 후 복토는 1~2센티미터로 얕게 하고 모종과 모종의 간격은 일반적으로 45~50×15센티미터이다. 참깨는 양분을 잘 빨아들이는 작물에 속하며, 발아 후 생육 상태를 보아 2~3회 솎아내기를 하면서 밭을 맨다.

• 채종

참깨꽃은 흰색이며 자가수분을 한다. 새벽 5시에서부터 아침 7시경에 꽃이 피는데, 꽃을 피우기 전에 꽃가루받이가 이루어진다. 꽃은 갈

수확하기 적당한 시기는 참깻대 아랫부분의 꼬투리가
한두 개 정도 벌어지기 시작할 때로, 낫으로 베어 다발로 묶어 세워서 말린다.
거꾸로 세우면 꼬투리 윗부분이 열리면서 씨앗이 쏟아져버리기 때문에 꼭 바로 세운다.

라짐 없는 통꽃으로, 암술머리는 2개로 갈라져 있으며 수술은 5개이다. 그중 4개가 꽃통에 붙어 있고, 1개는 불임성이다.

꽃가루받이가 끝나면 열매를 맺는다. 열매의 단면은 사각형 모양이며 두 개의 방으로 이루어져 있다. 열매 한 개 속에는 80여 개의 씨앗이 들어 있다. 중부 지방의 경우 6월 중순에서 하순 사이에 씨앗을 뿌리고, 9월 초에 수확을 한다. 다른 품종과 같이 심을 경우에는 바람에 의한 교잡을 피하기 위해 100미터 이상 거리를 두는 것이 적당하다.

보름 정도 지나면 막대기로 가볍게 두드려 털어낸다. 체와 키를 이용해 깨끗한 씨앗만 골라내어 다시 일주일 정도 바싹 말린 후 저장한다. 기름을 짜거나 볶아서 먹을 때는 먹기 전에 물로 씻어낸 다음 사용하지만 오랫동안 보관할 경우에는 말린 것을 그대로 보관하면 된다.

들깨

학명 : Perilla frutescens var. japonica Hara
과 : 꿀풀과
원산지 : 인도 고지
씨앗 수명 : 1년
재배력

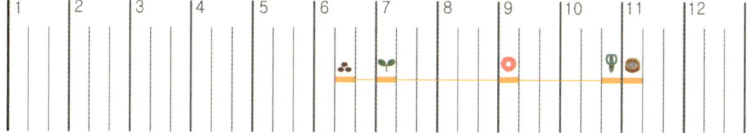

① 07. 14 씨앗에서 방금 나온 어린 싹.
② 08. 09 들깨는 어린 모종일 때 옮겨심기 해야 씨가 많이 달린다.
③ 09. 30 하얀 들깨꽃.
④ 09. 30 씨앗 주머니에 씨가 4개씩 들어 있다.
⑤ 11. 03 씨앗을 털어 말리는 모습.

• **재배**

들깨는 정말 잘 자란다. 밭에 모를 부어놓았다가 모종이 손에 잡힐 정도로 자라기 시작하면 정식을 한다. 비교적 건조해도 잘 자라고, 줄기가 땅에 닿으면 마디에서도 뿌리를 내리기 때문에 약간의 수분만 있어도 정식이 가능하다.

들깨는 씨를 받아 기름을 짜서 먹기도 하지만 잎을 즐겨 먹는다. 워낙 무성하게 잘 자라기 때문에 잎을 일부 따내도 생육에는 특별한 지장이 없다. 잎에서 나는 특유의 향기를 벌레들이 싫어하는 까닭에 역으로 이 점을 이용해 텃밭의 한 편에 심어두고 해충 피해를 줄이는 데 활용할 수 있다.

서늘하고 물 빠짐이 좋은 토양에서 잘 자라며, 양분을 빨아들이는 힘이 강하므로 토양에 대한 적응성이 높다. 너무 비옥한 토양이나 습한 토양에서는 웃자라기가 쉽다.

• **채종**

들깨는 씨앗을 뿌리는 기간이 비교적 길다. 6월 중순부터 7월 초 사이에 씨앗을 뿌리고, 모종이 한 뼘 정도 크기로 자라면 옮겨심기에 적당하다. 씨앗을 한꺼번에 많이 뿌리면 잎과 줄기가 작고 가늘게 자라기 때문에 적당한 간격으로 듬성듬성 뿌리면 옮겨 심을 때 부러지지도 않고 뿌리도 많이 내려 일하기 편하다.

씨앗을 뿌린 후 그 자리에서 그대로 자라면 옮겨심기를 한 모종에 비해 꽃이 적게 달린다. 수확량도 적어진다. 꽃은 작고 흰색이다. 입술 모양의 통꽃이 가지 끝이나 줄기 끝, 또는 줄기와 잎겨드랑이에 여러 송이 모여서 핀다. 수술은 4개, 암술은 1개이며 암술의 끝이 2개로 갈라져 있다. 자가수분을 하기 때문에 격리 재배할 필요는 없다.

　빨리 심은 들깨는 10월 초에, 늦게 심은 들깨는 10월 말에 수확을 하게 된다. 꽃이 피기 시작한 지 한 달 후에 수확을 하는 것이다. 수확할 때는 열매가 땅에 떨어지기 쉬우므로 흐린 날 아침이나 저녁에 하는 것이 좋다. 낫으로 베어 가지런히 널어서 햇볕에 충분히 말린 다음 포장을 깔고 도리깨나 나뭇가지 등으로 두드린다. 꺼낸 씨앗을 체로 치고 키로 까불러가며 깨끗하게 골라낸다. 다른 씨앗에 비해 수명이 짧고, 벌레가 잘 생기기 때문에 해마다 수확을 해서 씨앗용으로 남겨두는 것이 좋다.

완두콩

학명 : Pisum sativum L.
과 : 콩과
원산지 : 지중해 연안
씨앗 수명 : 4년

재배력

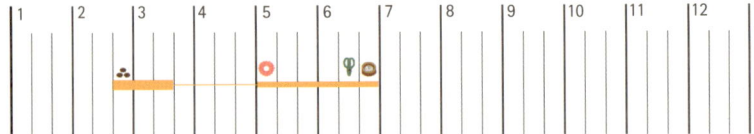

① 05. 03 5월이면 흰색 꽃이 피기 시작한다.
② 05. 20 지주가 튼튼해야 잘 자란다.
③ 05. 28 토실토실 잘 여문 완두콩.
④ 06. 15 꼬투리가 노랗게 변하면 거둬서 말린다.

• **재배**

완두콩은 서늘한 기후를 좋아한다. 우리나라에서는 2월 말이나 3월 초에 씨앗을 뿌리는데 땅이 얼어 있을 경우를 생각해서 가을에 미리 두둑을 만들어두는 것이 좋다.

봄과 가을에 씨앗을 뿌리는 두 종류가 일반적인데 가을에 뿌릴 경우에는 9월에 씨앗을 뿌려서 어느 정도 모종이 자란 상태에서 겨울을 나게 한다. 봄에 뿌렸을 때와 수확 시기가 크게 다르지 않지만 모종이 튼튼하게 자란다.

완두콩은 한 구덩이에 너댓 알을 넣고, 모종과 모종 간의 간격도 한 뼘 정도로 좁게 심는다. 빽빽하게 심어야 바람에 잘 넘어지지 않는다. 완두콩은 익기 시작하는 5월이 되면 하루에 한 번씩 수확해야 할 정도로 익는 속도가 빠르지만 연작을 싫어한다. 돌려짓기를 할 경우, 예를 들면 양배추를 심고 난 뒤에 후작으로 심는 것이 적당하다.

• **채종**

완두콩은 자가수분을 하지만 한 장소에 여러 품종을 심을 경우 품종과 품종 사이에 키가 큰 작물을 심어서 가능한 한 꽃가루가 섞이지 않게 하는 것이 좋다.

씨앗을 받기 위해서는 모종이 어릴 때부터 잘 관찰하고, 씨앗을 받을 포기에 색깔이 있는 끈을 이용해 표시를 해두는 것이 좋다. 만약 포기의 상태가 좋지 않을 경우는 골라내서 뽑아주는 것이 낫다. 5월이 되면 흰색 꽃이 포기 아랫부분에서부터 피기 시작하고, 5월 말부터는 매일매일 수확을 해야 할 정도로 빠르게 익어간다. 씨앗용 완두콩은 꼬투리가 누렇게 변하고 꼬투리를 흔들었을 때 달가닥 달가닥 소리가 나면 수확할 때이다. 일주일 정도 말린 후에 꼬투리에서 씨앗을 꺼내 보관한다. 씨앗용 완두콩은 수확 기간 중간 시기에 수확한 것 중 골라내어 보관하는 것이 좋다.

완두콩은 특히 저장이 중요하다. 저장 중에 바구미가 생기기 시작하면 순식간에 번지기 때문에 햇볕에서 잘 말린 후에 냉동실에서 저장하는 것이 가장 안전하다. 바구미 등의 피해만 없으면 상온에서도 4년 정도 발아력을 유지하게 된다.

팥

학명 : Vigna angularis W. F. WIGHT
과 : 콩과
원산지 : 중국 남부 수림 지대
씨앗 수명 : 5년
재배력

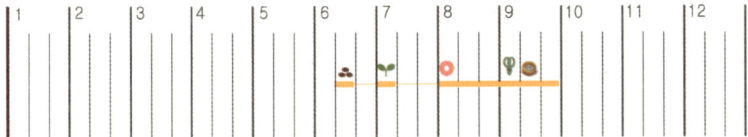

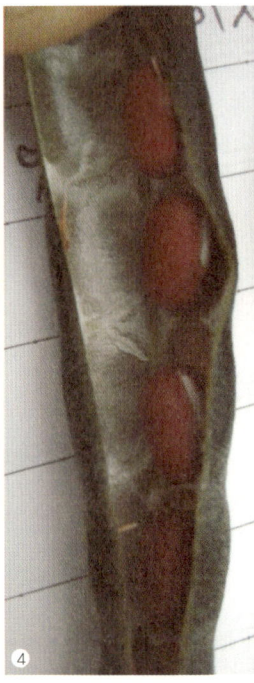

① 07. 16 어린 모종.
② 08. 29 꽃은 노랗다.
③ 09. 16 검게 익어가는 꼬투리.
④ 09. 16 검은 꼬투리와 붉은 팥 색이 잘 어울린다.

• 재배

팥은 주로 보리나 밀을 수확한 후에 후작으로 많이 심는다. 6월 중순부터 7월 상순까지도 씨 뿌리기가 가능하다. 줄기는 가는 데다가 덩굴이 뻗기 때문에 꺾이지 않도록 주의한다. 다른 콩과 작물과 마찬가지로 퇴비를 너무 많이 주면 잎만 무성할 우려가 있다. 인산과 칼리가 적절하게 들어가도록 토양 만들기에 정성을 들이도록 한다. 습기에 비교적 강한 편이다.

• 채종

다른 콩과 작물과 마찬가지로 자가수분을 한다. 꽃은 대부분 아침에 피기 시작해서 오후 5시 정도까지 피어 있기 때문에 꼬투리는 작지만 열매는 잘 맺는다. 많은 씨앗들이 일제히 익지는 않지만, 꼬투리가 70~80% 정도 검게 되었을 때 수확해두면 차츰 익어가기 때문에 채종에는 문제가 되지 않는다. 포기가 너무 많이 마르거나 꼬투리 수확이 늦어지면 팥이 튀어나오기 때문에 이른 아침 이슬이 내렸을 때 수확하거나, 수확 후 바로 양파망 등에 넣어 말리도록 한다.

씨앗에 벌레가 생기지 않도록 잘 보관하면 3~4년 정도는 발아력을 유지한다. 그 후에는 급격히 떨어지므로 씨앗을 받은 날짜를 잘 기록해두는 것이 좋다.

녹두

학명 : Vigna radiata (L.) Wilczek
과 : 콩과
원산지 : 인도·미얀마
씨앗 수명 : 5년
재배력

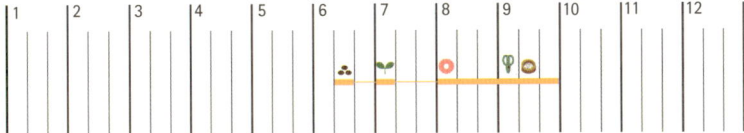

① 07. 16 어린 모종.
② 08. 15 꽃잎의 겉과 속 색이 다르다.
③ 09. 03 꼬투리는 까맣게 익는다.
④ 09. 08 나란히 꽉 들어찬 녹두.

• 재배

녹두는 배수가 잘되는 참흙을 좋아하지만 척박한 땅에서도 잘 자라는 편이다. 건조에는 강하지만 비가 많이 오는 날에는 성장세가 약해지고 꽃도 잘 피지 않는다. 4월 중하순이나 7월 상순에 심어서 수확 시기가 장마와 겹치지 않도록 하는 것이 좋다. 약간 덩굴이 지기 때문에 두둑과 두둑 사이의 간격을 넓게 두면 녹두가 여물었을 때 수확하기 좋다. 녹두는 열매가 익으면 꼬투리가 검게 변하는데, 햇살이 좋으면 바로 터지기 때문에 수확 시기를 잘 맞춰서 익는 대로 따는 것이 중요하다.

• 채종

녹두는 4월 중하순부터 6월 말까지 씨앗 뿌리기가 가능하고, 10일 정도 후면 본잎이 서너 장 나올 정도로 자라는 속도가 빠르다. 4월 중순에 뿌린 모종은 6월 말이면 꽃이 피는데, 포기의 아랫부분부터 점차적으로 꼬투리가 익어간다. 열매의 색깔은 처음에는 연두색이다가 점점 검정색으로 변한다.

꼬투리의 70% 정도만 익어도 열매주머니가 뒤틀리면서 씨앗이 튀어나온다. 좁은 면적에서 재배할 경우는 먼저 익은 꼬투리부터 차례대로 수확하는 것이 좋다. 수확은 하루 중 아침이 가장 좋다. 꼬투리가 아직 촉촉해 튀어나올 위험이 적고, 검은 꼬투리를 찾기 비교적 쉽다. 다른 콩들과 마찬가지로 벌레 피해가 많기 때문에 냉동실에서 보관하는 것이 좋다.

메주콩

학명 : Glycine max (L.) Merr.
과 : 콩과
원산지 : 동북아시아
씨앗 수명 : 3년
재배력

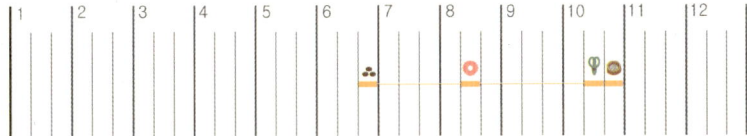

① 07. 10 어린 모종.
② 08. 03 잎이 무성해지고 곧 꽃이 핀다.
③ 08. 05 꽃이 피기 시작하면 밭에 들어가지 않는다. 그래야 콩이 많이 달린다.

• **재배**

텃밭에서 가장 초대를 많이 받는 채소를 고르라고 했을 때, 제일 먼저 생각나는 것이 바로 콩이다. 콩은 질소를 고정해서 토양을 비옥하게 만들기 때문에 특별한 토양 관리가 없이도 재배가 가능하다. 오히려 텃밭 중에서 가장 척박한 곳을 골라 콩을 심으면 도움을 받을 수 있다.

콩과 작물들의 잎은 대체적으로 크고 넓으며 둥글다. 따라서 다른 작물에 비해 햇빛을 받는 면적이 넓다. 더운 여름날 햇볕이 강하게 내리쬐면 잎의 온도가 급격하게 올라간다. 이때 잎 스스로 각도를 조정하여 작물의 체온이 너무 많이 올라가지 않도록 하는데, 일본에서는 이를 '조위운동(調位運動)'이라고 한다.

이러한 역할을 하는 부위를 엽침(葉枕)이라고 하는데, 잎자루(葉柄) 밑의 불룩한 부분을 말한다. 동물로 치면 근육에 해당하는 부분이다. 엽침은 잎의 무게를 지탱하고 이를 들었다 내렸다 하면서 조위운동을 한다.

조위운동을 하는 대표적인 식물로 메주콩을 들 수 있다. 우리나라에서 재배하는 콩 중에서 가장 많은 면적을 차지하고 있는 콩이기도 하다. 메주콩은 보통 보리나 밀을 수확한 후에 후작으로 심는데, 계절이 계절인 만큼 먹을 것이 없어 고민 중인 새들에게는 좋은 먹잇감이 된다. 씨를 뿌린 후 싹이 날 때까지의 기간 동안은 새를 쫓을 수 있도록 단단한 대책이 필요하다. 농가에서는 일반적으로 반짝거리는 끈을 높게 매달아두는데, 텃밭 정도의 면적이라면 못쓰게 된 CD 등을 걸어두는 것도 효과적이다.

• **채종**

콩은 자가수분 작물이어서 씨앗을 받기 위해 다른 품종과 격리 재배할 필요는 없지만, 매우 낮은 비율로 교잡이 일어날 확률이 있다.

메주콩은 꽃이 피기 전에 자동으로 자가수분한다. 6월 말이나 7월 초에 보리나 밀의 후작 작물로 씨앗을 뿌리면 8월에는 꽃이 피고 두 달 후인 10월에는 수확이 가능하다. 씨앗을 받기 위해서는 포기가 튼실하고 열매가 많이 달린 건강한 포기를 고르도록 한다. 잎과 줄기, 꼬투리까지 누렇게 변하면 발로 지그시 넘어뜨리면서 줄기를 꺾거나 낫 또는 손으로 뽑아낸다. 바람이 잘 통하도록 한 주먹 정도씩 다발로 만들어서 말리는 것이 좋다. 날씨가 좋은 날에는 밭에서 며칠간 말리면 편하다. 날씨가 좋지 않을 경우에는 거꾸로 세워서 말린 후, 도리깨나 나뭇가지 등으로 두드리거나 밟아서 털어낸다. 씨앗용으로 골라 놓은 콩은 털어낼 때 깨지지 않도록 조심한다.

쏘옥 골라내는 씨앗

쏘옥 골라내는 씨앗에는

파프리카, 가지, 고추, 수박, 호박이 있다.

과육과 씨앗이 잘 나눠지기 때문에

과육은 먹고 씨앗만 쏘옥 골라내면 된다.

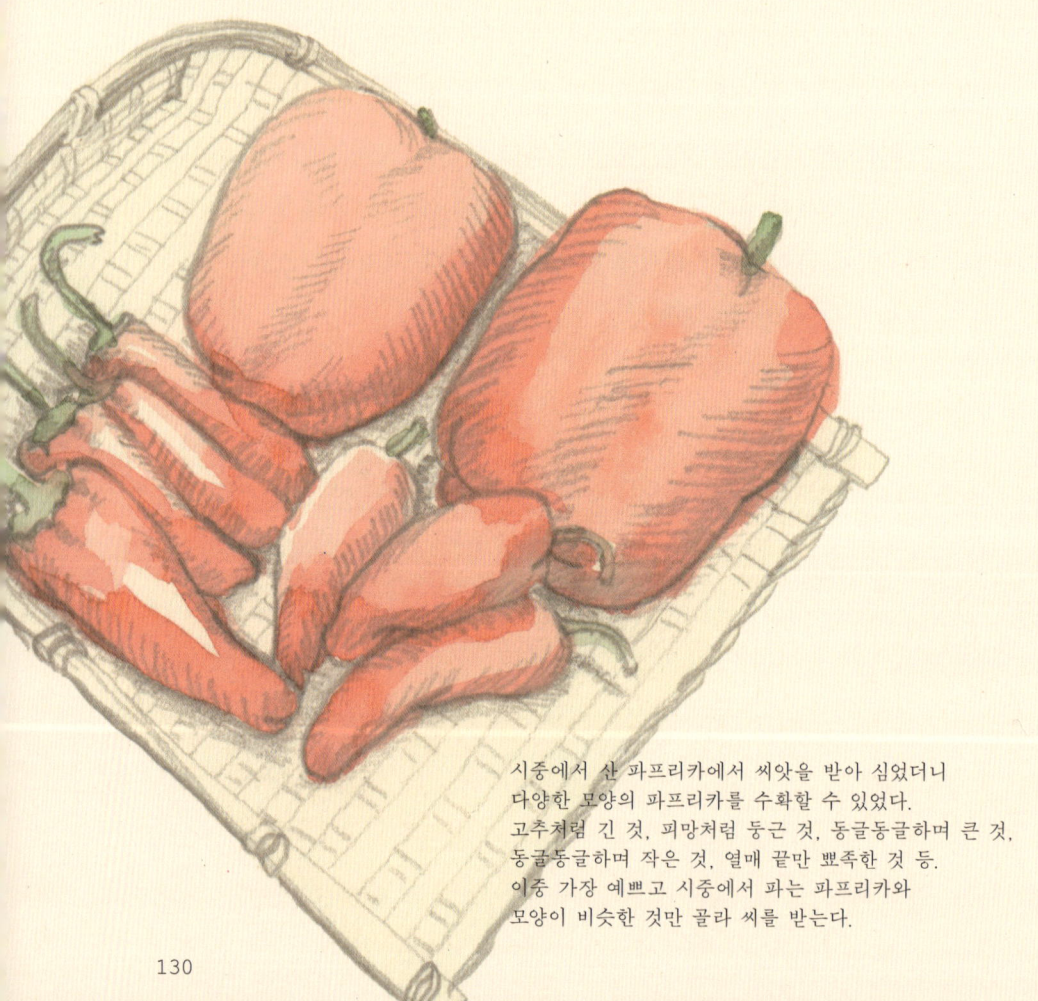

시중에서 산 파프리카에서 씨앗을 받아 심었더니
다양한 모양의 파프리카를 수확할 수 있었다.
고추처럼 긴 것, 피망처럼 둥근 것, 동글동글하며 큰 것,
동글동글하며 작은 것, 열매 끝만 뾰족한 것 등.
이중 가장 예쁘고 시중에서 파는 파프리카와
모양이 비슷한 것만 골라 씨를 받는다.

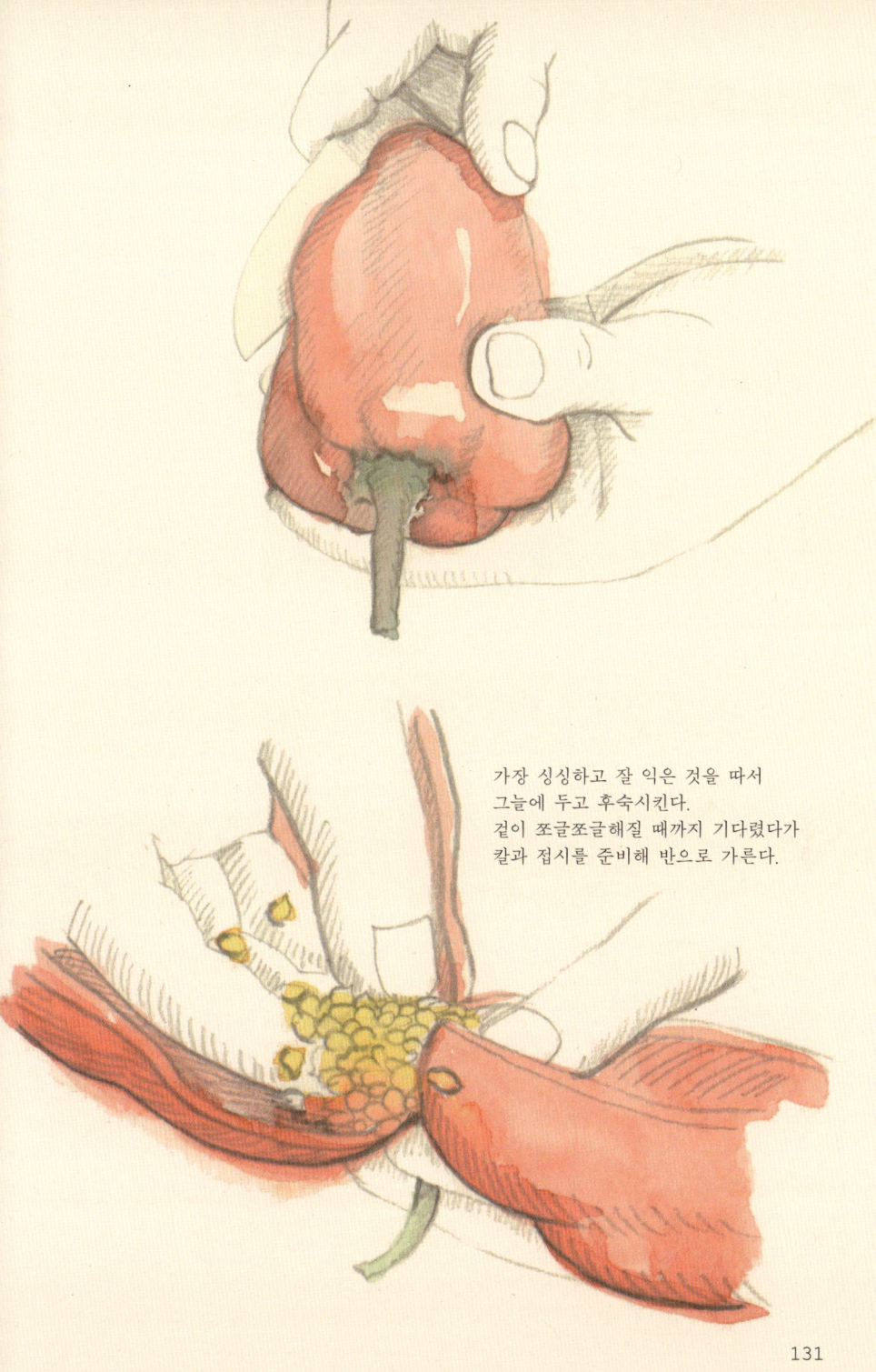

가장 싱싱하고 잘 익은 것을 따서
그늘에 두고 후숙시킨다.
겉이 쪼글쪼글해질 때까지 기다렸다가
칼과 접시를 준비해 반으로 가른다.

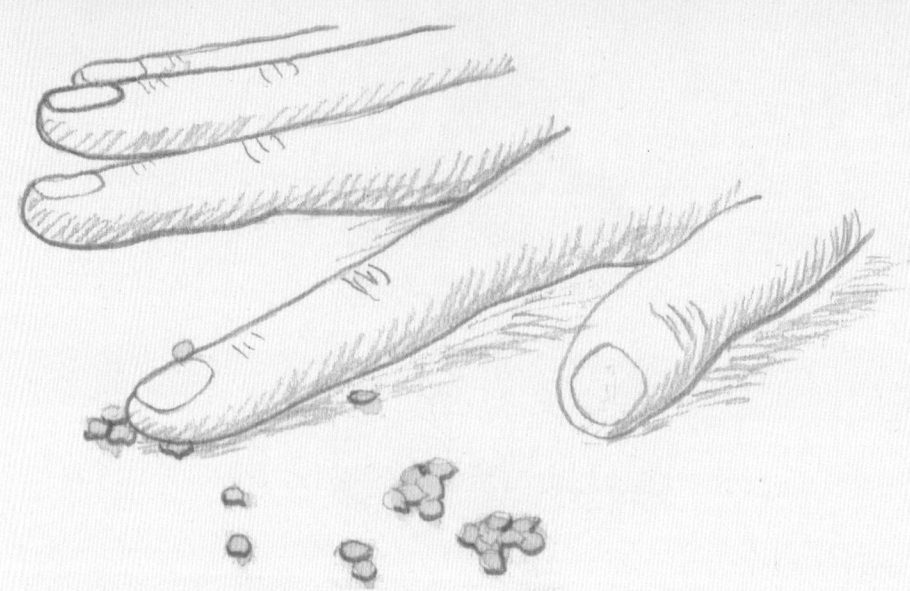

씨앗에 상처가 나지 않도록 손으로 긁어낸다.
이때 손이 따가울 수 있으니 비닐 장갑을 끼고 해도 좋다.
물에 한 번 가볍게 씻고 물에 뜨는 씨앗은 체로 건져서 버린다.
밑에 가라앉은 충실한 씨앗만 골라 종이 위에 펴고 그늘에서 잘 말린다.

파프리카

학명 : Capsicum annuum L.
과 : 가지과
원산지 : 열대 아메리카
씨앗 수명 : 5년
재배력

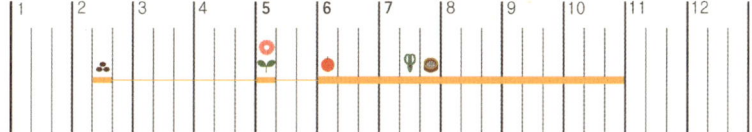

① 06. 04 모종 심은 지 한 달 후.
② 08. 13 열매가 제법 크게 달렸다.
③ 09. 02 열매 하나에서 받은 씨앗으로 키웠는데 몇 년이 지나니 이렇게 모양이 다양해졌다.
④ 09. 10 다음에는 어떤 열매가 우리를 즐겁게 해줄지 기대된다.

• 재배

파프리카는 열대 아메리카가 원산지인 만큼 싹이 트려면 온도가 섭씨 20~30도여야 한다. 보통은 설날을 전후로 물에 담가 침종(浸種)을 한다. 침종 후 일주일 정도면 아주 작고 하얀 눈이 나오는데, 먼저 나온 눈이 뿌리가 된다. 작은 포트에 바로 심기도 하고, 삽목 상자에 가식을 했다가 한 번 더 옮겨 심기도 한다. 키우는 방법은 고추와 같다고 보면 된다.

고추와 마찬가지로 서리 피해가 완전히 없어질 시기에 본밭에 아주 심기를 하는데, 중부 지방의 경우 보통 어린이날을 기점으로 심게 된다. 고온성 작물이기 때문에 비닐 멀칭을 해주면 더욱 빨리 자란다.

대부분 가지과 채소는 원산지에서 목본성인 경우가 많다.
그래서 지면보다 약간 올라오게 모종을 심어 배수가 잘되도록 해주면 좋다.

• 채종

파프리카는 피망이나 고추와 마찬가지로 자가수분 작물이다. 파프리카와 피망의 구분은 대개 색깔로 한다. 자라는 모습이나 열매의 모양은 거의 비슷하지만, 열매가 어느 정도 자라면 피망은 녹색을 그대로 유지하고, 파프리카는 빨강, 노랑, 주황 등 다양한 색으로 바뀐다. 피망도 따지 않고 그대로 두면 빨갛게 익지만 열매의 크기는 파프리카에 비해 작은 편이다.

자가수분 작물이긴 해도 곤충에 의한 교잡이 간혹 일어나기 때문에 여러 품종을 같이 심을 때는 한랭사 등으로 구분하는 것이 좋다. 계단밭에 심거나 밭과 밭 사이에 키가 큰 작물을 심어 날아드는 벌레를 막는 것도 좋은 방법이다. 확실하게 교잡을 막으려면 200미터 이상의 거리를 둔다.

씨앗을 받으려면 튼실하고 병이 없는 좋은 열매를 골라 제 색깔이 나고 충분하게 익을 때까지 포기에 매달린 채로 둔다. 잘 익은 열매를 수확하고 나면 그늘에서 일주일 정도 후숙시킨다. 그 뒤 과실을 반으로 갈라 종자를 빼낸다. 망이 촘촘한 체나 종이 위에서 바삭바삭해지도록 말린다. 종자를 물로 씻을 필요는 없다.

많은 양의 씨앗을 받기 위해서는 열매를 믹서기에 넣고 물을 조금 부은 다음 저속으로 간다. 종자는 밑에 가라앉고 과육이나 섬유질은 위로 떠오르는데 이때 떠오른 것은 버리고 물에 가라앉은 씨앗만 골라 물기를 잘 빼고 충분히 말린다.

가지

학명 : Solanum melongena L.
과 : 가지과
원산지 : 인도
씨앗 수명 : 5년
재배력

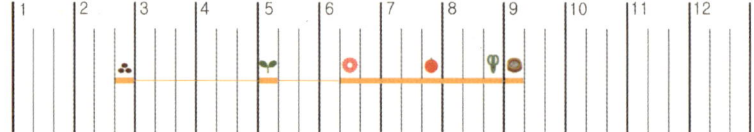

① 06. 08 가지는 어린 모종일 때는 더디게 자란다.
② 08. 25 암술머리가 수술머리보다 길어야 영양 상태가 좋다는 증거.
③ 08. 26 제법 여물었지만 조금 더 갈색으로 변할 때까지 그대로 둔다.
④ 08. 31 영근 씨앗을 골라내는 모습.

• **재배**

가지는 텃밭에서 빼놓을 수 없는 아름다운 채소다. 보송보송한 털이 덮인 잎에는 진한 보라색의 잎맥이 선명하게 드러나고, 노란색과 푸른색이 도는 라벤더 빛의 꽃은 더운 여름 텃밭에 시원함을 더해준다. 가지 열매 모양은 다양하다. 달걀 모양의 흰색 가지에서 길쭉한 보라색 가지에 이르기까지 20여 종이 넘는다. 더운 여름 텃밭에서 흘린 땀을 식혀주는 보양식이기도 하다.

가지는 과채류 중에서도 고온을 좋아한다. 하지만 섭씨 30도 이상에서는 착과가 불량하다. 토양 적응성이 좋아서 토양을 잘 가리지 않지만 특히 유기질이 풍부하고 토심이 깊은 토양 조건에서 잘 자란다.

가지는 순지르기 방법에 따라 수형을 다양하게 만들 수 있어 화분식재에도 잘 어울린다. 풋열매를 먹기 위해 재배할 경우, 4인 가족을 기준

영양 상태가 나쁜 가지의 꽃(좌), 영양 상태가 좋은 가지의 꽃(우)

으로 서너 그루만 있어도 충분할 정도로 열매를 많이 맺는다. 인도가 원산지인 만큼 더운 여름을 좋아하지만 한여름의 불볕더위에서는 약해진다. 차광을 하는 등 시원한 환경을 만들어준다.

가지의 영양 상태를 점검하려면 꽃을 차근차근 들여다보아야 한다. 암술머리가 수술보다 짧은 것은 영양이 부족하다는 뜻이므로 토양 상태에 따라 보충해줄 필요가 있다. 보통 정상적인 꽃은 암술대가 수술보다 약간 길다.

• 채종

가지는 자생지에서는 여러해살이 식물이지만 우리나라에서는 추운 겨울을 나지 못하기 때문에 1년생으로 재배되고 있다.

다른 가지과 채소들과 마찬가지로 자가수분을 하지만, 곤충들에 의해 품종 간의 교잡이 약간 일어난다. 이를 막기 위해 400미터 정도 거리를 두고 심으면 좋지만, 토지가 좁아 여의치 않을 경우에는 꽃에 봉지나 망 등을 씌워서 곤충의 접근을 막거나 품종과 품종 사이에 키가 큰 작물을 심는 것도 좋은 방법이다.

씨앗을 받는 데 쓰일 가지 모종은 잘 자라고 병충해가 없는 것을 고른다. 매끄럽고 광택이 나는 열매에 표시해두고 껍질 색이 갈색이 되면 수확한다. 한 품종에서 여러 가지 다양한 형태의 가지를 확보하고 싶으면 여러 포기에서 하나씩 수확해 씨앗을 받는 것도 좋은 방법이다. 수확한 열매는 더욱 부드러워질 때까지 그늘에 놓아서 후숙시킨다.

부드러워진 과실을 물속에 넣어 과육을 손으로 으깨면서 종자가 떨어지도록 한다. 과육은 물과 함께 버리고 씨앗만 체에 받쳐서 흐르는 물에 깨끗하게 씻어낸다. 다른 채소에 비해 씨앗의 발아율이 낮은 편이므로 온도와 습도가 잘 맞는 곳에서 보관한다.

고추

학명 : Capsicum annuum Syn. C. chinense.
과 : 가지과
원산지 : 남아메리카
씨앗 수명 : 5년
재배력

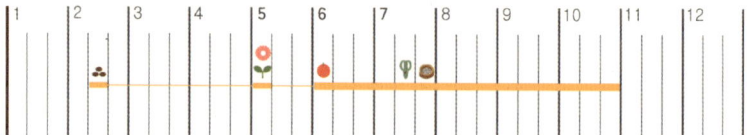

① 07. 29 흰색 고추꽃.
② 08. 17 8월에 한창 익어가는 고추.
③ 08. 14 토종 고추들.

· 재배

고추꽃은 유난히 맑다는 느낌이 들 정도로 새하얗다. 신선한 잎은 이른 봄에 따서 데쳐 먹을 수 있다. 녹색 열매와 빨간 열매가 한나무에 익어가는 모습을 보면 식욕이 돋는다.

고추에는 매운 맛을 내는 캡사이신(capsaicin) 성분이 있다. 캡사이신은 지금까지 위를 자극해 소화기 건강에 나쁘다고 알려져 있었으나, 최근 지방을 분해해 비만을 방지할 수 있다는 연구 결과가 나왔다.

우리나라 재배 면적의 34%를 차지하는 고추는 자생지에서는 여러해살이 식물이다. 열대성 작물이기 때문에 햇빛을 좋아하며 여름 동안 가장 많이 자란다. 장마가 있는 우리나라에서는 비 피해를 입어 탄저병에 걸리기 쉽다. 이를 막기 위해 첫 가지가 Y자 모양으로 갈라지는 부분 아래의 잎을 모두 따내서 지면으로부터 튀어 올라오는 빗물이 잎에 닿지 않게 해야 한다. 두둑과 두둑 사이의 고랑에 호밀을 심어 진딧물의 천적인 칠성무당벌레의 서식처를 만들어주기도 한다. 빗물이 흙에 닿지 않고 호밀 잎에 떨어지게 해서 탄저병 바이러스의 이동을 막아준다.

· 채종

고추는 자가수분 작물이다. 약 70%는 자기 꽃가루받이에 의해 수분이 되고, 나머지 30%는 다른 꽃에서 꽃가루를 받아 열매를 맺는다. 가능하면 품종 간의 거리를 많이 두는 게 원칙이나, 여의치 않을 경우에는 한 해에 한 품종만 재배하는 것이 좋다. 5월 초에 고추를 심으면 생육 온도가 낮아 더디 자라지만, 6~7월이 되면서부터 눈에 보일 정도로 빠르게 자란다.

  꽃은 이른 아침 6시부터 10시 사이에 피고, 오전 8시에서 12시 사이에 가장 많은 꽃가루가 날린다. 고추가 익어가기 시작하면, 고추의 크기, 모양, 병충해가 없는 것, 수량성 등 품종이 지니고 있는 특징들을 잘 간직하고 있는 포기에서 열매를 수확한다.

  잘 익은 고추를 보기 좋을 때 수확해서 일주일 정도 그늘에서 후숙시킨다. 열매를 가위로 반으로 가르거나 손으로 갈라내고 씨앗을 골라낸다. 고추의 매운 기가 손에 닿으면 며칠 동안 잠을 잘 수 없을 정도로 손끝이 아리기 때문에 비닐장갑을 끼고 골라내는 것이 좋다. 씨앗을 골라낸 과육은 그대로 햇빛에서 잘 말렸다가 고춧가루로 만들어서 먹는다.

수박

학명 : Clitrullus vulgaris Schrad.

과 : 박과

원산지 : 남아프리카

씨앗 수명 : 5년

재배력

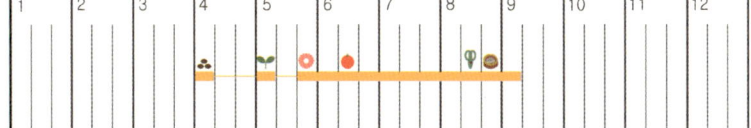

① 07. 04 줄기를 뻗기 시작한 모종.
② 08. 19 제법 커진 열매.
③ 08. 29 먹고 남은 씨앗을 받으면 된다.

• **재배**

생각만 해도 신이 나는 수박! 가느다란 줄기에 어떻게 그렇게 큰 열매가 달리는지 신기하기 짝이 없다. 녹색 바탕과 검은 줄무늬가 만드는 대비는 자연이 만들어낸 경쾌한 조합이다.

열매에 수분이 많아 더운 여름을 식혀주는 대표적인 과채로 알려져 있지만 실은 빨간 과육 속에 빼곡히 들어 있는 까만 씨앗도 큰 보물이다. 수박 씨앗은 동맥경화 예방에 이용되기도 하지만, 단백질이나 칼슘·인·철·카로틴·비타민 등의 영양소가 많이 들어 있기 때문에 씨앗 채취를 목적으로 수박을 재배하는 나라도 있다고 한다.

노지에 수박을 키우면 씨앗을 받기 어렵다. 꽃이 한창 필 때 장마가 겹치기 때문이다. 수박은 햇빛이 부족하면 암꽃이 열매를 맺을 확률이 줄어들고 암꽃이 작아지는 등 생육 상태가 불량해진다. 낙화(洛花) 및 낙과(落果)가 많아져 착과(着科)가 되더라도 품질이 떨어진다. 열매가 큰 만큼 한번 줄기가 뻗으면 움직이는 것을 싫어한다. 순지르기를 할 때는

순지르기를 잘 해주면 한 그루에서 2개 혹은 3~4개까지도 수확이 가능하다.

그 점에 유의하면서 작업을 한다. 이어짓기를 싫어하기 때문에 처음 수박을 재배하는 곳을 골라 심는 것이 좋다. 토종 수박 중에는 과육이 노란 종류도 있어 흥미롭다.

• 채종

수박은 수박 이외의 박과 작물과 교잡하지 않지만, 간혹 멜론과 교잡하는 경우가 있기 때문에 주의한다. 보통은 꿀벌이 꽃가루를 옮기지만 순수한 품종의 수박씨를 얻으려면 사람이 직접 꽃가루를 옮겨주는 인공수분을 해야 한다. 수채화 붓에 수술의 꽃가루를 묻혀서 암술머리에 발라주는 방식이다. 노력에 비해 성공률은 75%로 낮은 편이다.

품종 간의 교잡을 막기 위해서는 900미터 정도의 거리를 두고 심는다. 꽃이 피고 수분이 되면 40일 후에 열매 수확이 가능하다. 열매가 달려 있는 꼭지 부분이 시들고 손으로 두드렸을 때 둔탁한 소리가 나면 수확기다. 완숙할 때까지 2~3일 정도 후숙시킨다.

수박을 반으로 가르고, 숟가락이나 손으로 씨앗을 골라내거나 또는 과육을 먹으면서 씨를 뱉어낸다. 소쿠리에 넣어서 물로 깨끗하게 씻은 다음 잘 말려서 보관한다.

호박

학명 : Cucurbita spp.
과 : 박과
원산지 : 남아메리카
씨앗 수명 : 3~10년
재배력

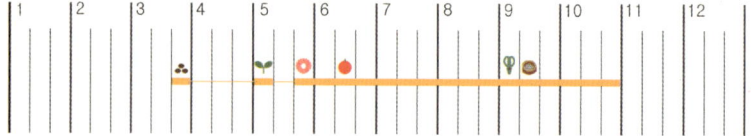

① 05. 03 어린 모종.
② 08. 09 한창 무성한 모습.
③ 08. 19 씨앗을 받기 위해 후숙 중인 애호박.
④ 08. 26 씨앗을 받기 위해 수확한 조선호박.

• **재배**

흔히 얼굴이 못난 사람을 가리킬 때 '호박같다'라는 표현을 쓴다. 호박이라 하면 대부분은 옛날부터 선조들이 재배해온 늙은 호박을 연상하게 되는데, 품종에 따라 크기나 색깔이 다양하다. 시중에서 쉽게 구할 수 있는 애호박만 하더라도 그리 크지도 않고 겉이 매끄러워 얼마나 예쁜지 모른다.

우리나라에서는 노랗고 늙은 호박을 산후조리와 몸의 붓기를 빼는 데 약용으로 주로 이용한다. 늙은 호박에는 비타민 A와 전분이 많이 들어 있다.

호박은 잎이 무성한 채소이기 때문에 질소 비료를 너무 많이 주면 낙과(落果)할 수 있다. 다른 채소에 비해서 꽃이 유난히 크지만 그 크기에 비해 꽃가루가 많지 않아 벌이나 나비 혹은 바람에 의한 꽃가루받이만을 기대하기는 어렵다. 풍성한 열매를 얻고 싶다면 붓을 준비한 후 아침 일찍 텃밭으로 나가자. 그리고 호박의 꽃가루를 옮겨주는 벌과 나비가 되어 보자. 번거롭기는 하지만 그보다 큰 기쁨을 맛볼 수 있을 것이다.

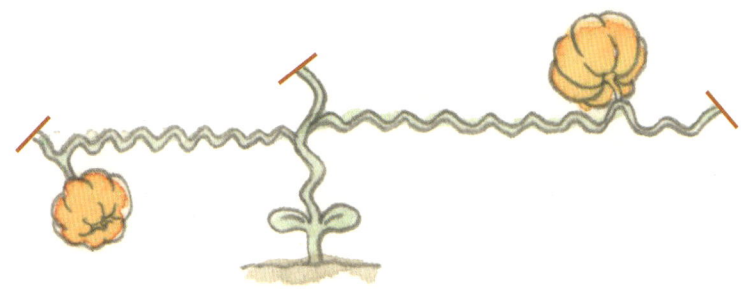

토종 호박은 풋호박으로도 요리하기 때문에 순지르기를 거의 하지 않는다. 하지만 씨앗을 받기 위해 한 포기 정도 순지르기를 해서 튼실한 열매를 수확하면 좋다.

• 채종

호박은 다른 작물에 비해 교잡이 잘 생긴다. 물론 한장소에 한 품종만 심으면 별 문제가 없지만 여러 품종을 한곳에 심으면 생각지 못했던 모양의 호박이 달리는 것을 볼 수 있다. 한 품종의 수수한 씨앗만을 받으려면 품종 간의 거리를 400미터 정도 두는 것이 적당하다. 장소가 넉넉하지 않을 경우, 씨앗을 받을 포기의 암꽃에 봉지를 씌운 후 인공수분을 해주는 것이 좋다. 새벽에 꽃이 피기 때문에 가능하면 이른 아침에 꽃가루를 묻혀준다. 붓을 사용하거나, 수꽃을 따서 암술머리에 직접 묻혀주면 된다.

조선호박은 열매가 어릴 때 풋호박으로 수확해서 먹기도 하지만, 씨앗을 받고자 한다면 늙은 호박이 될 때까지 그대로 둔다. 애호박도 요리하기에 적당한 크기가 되면 수확해서 먹고, 한 그루에 한두 개 정도만 남겨 두었다가 씨앗을 받으면 된다. 단호박은 껍질이 올록볼록해지면 수확하고, 씨앗을 받을 열매는 짙은 청색이 흐릿하게 될 정도까지 기다렸다가 수확하면 된다.

열매를 수확했으면, 열매 속에서 씨앗이 통통하게 살이 찌도록 그늘에서 2~3주간 후숙시킨다. 열매를 칼로 자르고 숟가락으로 씨앗과 그물 모양의 퍽퍽한 과육을 함께 발라낸다. 그중에서 씨앗만 골라낸 후 물로 잘 씻는다. 이 과정에서 제대로 영글지 않은 씨앗들은 물 위로 떠오르는데 이것들은 물과 함께 흘려버린다. 골라낸 씨앗을 잘 말린 후에 저장한다.

땅속에 숨어 있는 씨앗

땅속에 숨어 있는 씨앗에는

토란, 땅콩, 생강, 마늘, 고구마, 감자가 있다.

작물의 뿌리나 줄기,

뿌리줄기가 비대해지면서

먹을 수 있는 채소들이다.

토란을 심으면 엄마토란 주변으로 아들토란들이 달린다.
수확할 때가 되면 아들토란들만 따도록 한다.

다음 해에 심을 토란은 스티로폼 상자에
모래를 깔고 넣은 다음 다시 모래를 덮어준다.
기온이 영하로 떨어지지 않는 보일러실이나
창고에 넣어 보관한다.

겨울 동안 땅속에 보관할 경우 60센티미터 정도
깊이로 땅을 판 후 토란과 흙을 켜켜이 넣는다.
눈이나 비가 들어가지 않도록 포장을 한 번 덮은 후
볏짚으로 보온해준다.

토란

학명 : Colocasia esculenta schott
과 : 천남성과
원산지 : 열대 및 아열대 아시아 지역
씨앗 수명 : 1년
재배력

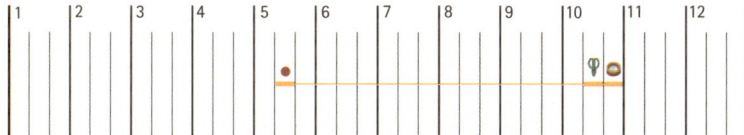

① 06. 16 어린 모종.
② 07. 26 무성해진 모습.
③ 10. 18 토란대는 다듬어서 말리고 토란은 씨앗만 남기고 먹는다.
④ 10.18 땅에서 나는 알, 토란.

● 재배

토란을 심기에 적합한 토양은 물기가 있고 약간 그늘진 곳이다. 다른 채소와 달리 습한 땅을 좋아하기 때문에 텃밭에서도 가장 축축한 곳을 골라 심는 것이 좋다. 한여름 건조가 심해지면 밑동이 커지지 않기 때문에 고랑에라도 물을 준다. 건조를 막기 위한 또 하나의 방법은 멀칭을 하는 것이다. 주변에서 쉽게 구할 수 있는 볏짚을 이용하면 된다.

토란의 영어 이름은 '코끼리 귀(elephant's ear)'이다. 넌출넌출한 잎이 코끼리의 귀를 닮았기 때문이라고 한다.

● 채종

토란은 식물체의 일부분, 즉 수확한 알뿌리를 일부 남겨두었다가 이 듬해에 심는다. 씨앗은 맺지 않는다. 뿌리 번식이 잘되기 때문에 생존 전략으로 이런 방법을 선택한 것이 아닌가 생각된다.

그해에 수확한 엄마토란에서 작은 아들토란과 그보다 작은 손자토란을 떼어내 심는다. 엄마토란 주변에 붙어 있는 아들토란보다는 알갱이

토란을 심는 방법에 따라 수확량이 달라진다. 토란 눈이 아래로 향하게 심었을 경우 아들토란이 두 배 정도 많이 달린다. 토란 눈이 위를 향하게 심었을 경우 아들토란이 적게 달린다.

가 더 작은 손자토란에 눈이 보다 많이 나기 때문에 다음해 씨앗용으로 남겨두면 좋다. 심기 전에 따뜻한 곳에 놓아두어 싹을 틔운 후에 심으면 더욱 빨리 자란다.

땅콩

학명 : Arachis hypogaea L.
과 : 콩과
원산지 : 브라질
씨앗 수명 : 1년
재배력

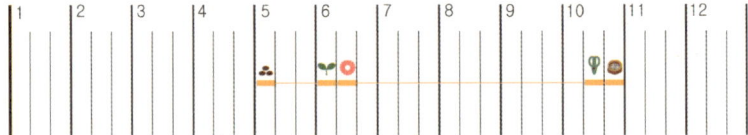

① 05. 01 씨앗 심기.
② 07. 21 무성해진 모습.
③ 08. 09 꽃자루가 땅에 가까워지도록 모종 위에 흙을 한 삽 떠서 올려준다.
④ 10. 19 땅콩을 따서 햇볕에 말린 후 저장한다.

• **재배**

땅콩은 볼 때마다 신기한 구석이 있다. 생긴 것으로 봐서는 콩 꼬투리처럼 생긴 것이 열매 같은데, 자라는 내내 관찰해봐도 열매는 보이지 않고 땅속으로 꼭꼭 숨어버린다. 텃밭에 땅콩을 심어야겠다고 결심을 하고 차근차근 책을 뒤지다 보니 궁금증이 풀리기 시작했다. 궁금증의 해답은 '열매'였다.

일본에서는 땅콩을 '낙화생(落花生)'이라고 부른다. 우리나라에서는 콩은 콩인데 땅속에서 난다고 해서 땅콩이라고 하는 반면, 일본에서는 꽃이 땅에 떨어져서 생긴다는 뜻의 이름을 붙였다. 가만히 들여다보면 둘 다 같은 뜻을 가지고 있는 셈이다.

땅콩은 꽃을 달고 있는 씨방자루(子房柄)가 땅속으로 파고 들어가 열매를 맺는다. 꽃이 피고 난 후 꽃가루를 받아 수분이 되면 이때부터 씨방의 끝이 길어지기 시작해 씨방자루가 된다. 이 씨방자루는 매우 특이한 습성을 가져 보통 땅속 5센티미터까지 자란다. 땅속으로 깊이 내려

땅콩은 줄기와 잎 사이에 꽃이 피고 씨방자루가 길어지면서 땅속에 들어간 후 씨앗을 맺는다.
땅속에 땅콩주머니가 생기고 열매가 여문다.

가다가 흙의 저항으로 더 내려가기가 힘들어지면 파고들기를 그치고 씨방자루의 끝부분(씨방)이 비대해진다. 이때 주변 환경을 어둡게 해주고 수분을 공급해야 한다. 꽃가루받이가 끝난 후 흙까지 도달하지 못한 씨방자루는 열매를 맺지 못한 채로 공중에 떠 있는 것을 볼 수 있다.

땅콩은 5월 초에 심는데, 직접 땅콩 알을 심기도 하고, 새가 쪼아 먹는 피해를 줄이기 위해 싹을 틔워 심기도 한다. 물 빠짐이 좋고 부드러우며 유기질이 적당히 함유된 모래 토양을 좋아한다.

• 채종

땅콩도 콩과 작물이기 때문에 자가수분을 한다. 하지만 아메리카에서 다른 품종 간의 교잡이 쉽게 일어난다는 보고가 있었기 때문에 한 장소에 여러 품종을 같이 심는 것은 피하는 게 좋다.

토양 속에 땅콩주머니가 생기고 열매가 여물면 포기가 점점 갈색으로 변한다. 포기가 변하기 시작하면 수확하는데 삽이나 쇠스랑을 이용해서 캐면 편리하다. 포기째 수확한 뒤 매달아두거나 포기를 뒤집어놓고 밭에서 여러 날 말린다. 이때 들짐승의 피해를 방지하기 위해 차광망 등으로 덮는 것이 좋다.

잘 말랐으면 포기에서 따낸다. 양이 많을 경우는 드럼통이나 큰 통에 나무토막을 올려놓은 다음 두드려서 털어내기도 한다. 포기에서 따낸 땅콩은 2~3일 정도 더 말린 후에, 꼬투리가 바삭바삭한 상태에서 꼬투리째로 저장한다.

생강

학명 : Zingiber officinale Rosc.
과 : 생강과
원산지 : 인도·중국으로 추정
씨앗 수명 : 1년
재배력

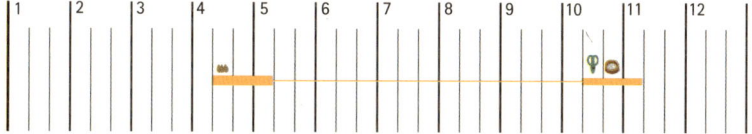

- **재배**

　열대 아시아가 원산지인 생강의 매력은 무궁무진하다. 김치를 담을 때는 물론이고 생선 요리에서도 빼놓을 수 없는 채소이다. 겨울에는 생강을 얇게 저며서 꿀에 재어놓았다가 끓여 먹으면 좋다. 몸을 따뜻하게 해주고 소화를 촉진하는 효과를 볼 수 있다. 열대 지방이 원산지인 만큼 저장할 때는 춥지 않은 곳에 두어야 하고, 여름철에도 냉장고가 아닌 상온에서 보관한다. 냉장고에 넣어두면 동해를 입어 금방 상해버린다.
　시중에서 흔히 볼 수 있는 생강은 중국 생강으로, 재래종보다 두 배 정도 커 외관상으로는 좋으나 매운 맛이 거의 없고 맛과 질이 떨어진다.

생강은 땅속에 뿌리줄기가 뻗어 나가면서 비대해진다.

　생강은 잎이 시원스럽게 생겼고 꽃이 희고 아름답다. 일부 품종의 경우는 식용 이외에 관상용으로도 개량이 되어 화단에도 식재하고 있는 실정이다.

　보통은 4월 하순에서 5월 상순에 정식을 하고, 서리 피해가 없는 10월 말에서 11월 초에 수확한다. 생강은 고온다습한 기후에 심기 적당하지만 토양은 물 빠짐이 좋은 토양에 심도록 한다. 반그늘에서 잘 자라기 때문에 심고 난 후에는 반드시 볏짚 등으로 덮어 토양이 시원하도록 해준다. 수확 시기가 되면 잎과 줄기, 뿌리를 떼어내고 뿌리줄기인 인경을 먹는다.

• 채종

흰 생강꽃은 아름답지만 쉽게 볼 수 없다. 자생지에서는 여러해살이풀이기 때문에 1년 이상 자라면 꽃이 피지만, 우리나라에서는 겨울 기온이 영하로 내려가는 탓에 그대로 두면 얼어버린다. 섭씨 13도 이하의 저온에 오랜 시간 노출되거나 서리를 맞는 것만으로도 동해를 입는다.

생강은 뿌리줄기를 수확해서 먹고, 그 일부를 남겨 두었다가 다음해 씨앗으로 이용한다. 씨앗용 생강을 '종강(種薑)'이라고 부른다. 좋은 종강은 병충해가 없이 깨끗하고, 선충 등 병충해로 오염되어 있지 않은 건강한 토양에서 재배한 생강이다.

생강은 중부 지방 기준 4월 말에 심는데 초기 성장이 둔하다. 6월 초나 중순경에나 싹이 나오는 것을 볼 수 있다. 7월 중순 이후가 되면 왕성하게 자라고 10월 초부터 잎의 색깔이 조금씩 누렇게 변한다. 씨앗용 생강은 서리가 내리기 전에 수확해서 보관을 해두는 것이 좋다. 생강은 연작을 싫어하므로 한 번 심은 곳에는 4~5년 뒤에 다시 심어야 한다.

마늘

학명 : Allium sativum L.
과 : 백합과
원산지 : 중앙아시아
씨앗 수명 : 1년
재배력

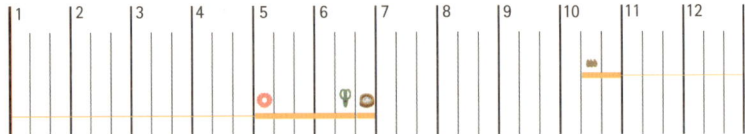

① 06. 19 마늘종이 여물어 생긴 작은 씨앗 마늘들.
② 04. 29 마늘종을 심어 자라는 모습.
③ 06. 19 마늘종에서부터 육쪽마늘이 되기까지.

• **재배**

이름만 들어도 매콤한 맛과 특유의 냄새가 느껴지는 듯한 마늘. 우리나라 사람들에게는 너무나 친숙하고 생활 속에서 빼놓을 수 없는 채소이다. 마늘의 독특한 냄새는 알리신(Allicin)이라는 성분에서 나는 것으로 텃밭에서 다른 채소들과 섞어짓기를 하면 해충을 방제해주는 역할을 한다. 크는 모습도 단정하고 공간을 넓게 차지하지 않기 때문에 채소와 채소 사이의 공간이나 빈터를 찾아 심으면 토양을 효율적으로 이용할 수 있다.

마늘 재배는 가을에 시작된다. 이듬해 여름이 시작되면 마늘종(마늘의 꽃줄기)이 생기는데, 보통은 이것을 잘라 볶아 먹는다. 하지만 마늘을 자가채종하고 싶다면 마늘종을 그대로 두었다가, 마늘 수확 시기에 같이 수확해서 심는다. 마늘종 끝에 달리는 작은 애기마늘을 '주아(珠芽)'라고 한다. 주아를 심으면 첫해에는 통마늘이 나오고 이듬해에는 서너 쪽짜리 마늘이 된다. 3년차부터 기다리고 기다리던 육쪽마늘이 달린다. 주아에서 육쪽마늘로 자라는 기간이 3년이나 된다는 단점이 있지만, 마늘쪽 하나하나에는 건강하고 튼실한 면역력 강화 성분이 담겨 있으니 기다려볼 만하다.

• **채종**

마늘은 가을에 심어 이듬해 6월에 수확한다. 중부 지방의 경우 10월 중순에 심는다. 심고 난 후 바로 볏짚이나 왕겨로 덮어 겨울 동안 얼지 않도록 따뜻하게 해준다. 봄이 시작되는 3월이 되면 따뜻한 햇살을

우리나라에 주로 재배하는 육쪽마늘. 수확할 시기가 되면 마늘종이 달리고 이 마늘종을 따서 그해 9월경에 심으면 이듬해 통마늘을 수확하게 된다.

충분하게 받을 수 있도록 볏짚을 걷어준다. 이 시기가 되면 마늘잎이 3~4센티미터 정도 나와 있기 때문에 부러지지 않도록 주의하며 볏짚을 걷어내는 것이 중요하다.

5~6월이 되면 줄기의 가운데 부분에서 꽃대가 올라온다. 꽃과 주아가 같이 올라오는데, 자라면서 꽃은 점점 퇴화되고 주아의 구가 커진다. 주아는 일반적으로 병충해의 감염이 적고 조직이 치밀하여 쪽마늘보다 저장력이 강하다. 마늘종 중에서 튼실하게 생긴 것들은 남겨두었다가 마늘을 캐기 전에 수확하고, 나머지는 줄기를 뽑거나 끊어서 요리해 먹는다.

마늘은 5~6년에 한 번은 씨앗을 바꿔주는 것이 좋다. 이를 위해서는

3년 전부터 주아를 심고, 이듬해에 통마늘이 되면 다시 심어서 육쪽마늘이 되게 미리미리 씨앗을 준비해야 한다. 주아는 겨울이 되기 전에, 충분하게 뿌리가 자랄 수 있도록 9월 중순경에 심는다.

밭 전체 면적의 절반에서 3분의 2쯤 되는 마늘잎이 갈색으로 변하면 수확 시기이다. 삽이나 삼지창을 이용해서 캔다. 캐는 동안에는 밭에 널어 말리고, 다 캐고 나면 크기별로 다발지어 바람이 잘 통하는 그늘에 걸어둔다. 햇빛이 너무 강하면 마늘이 익어 오랫동안 저장하지 못하게 된다. 씨앗용 마늘은 너무 크지도 작지도 않은 것으로 한 개당 5~7그램이 적당하고, 1킬로그램의 마늘에서 약 250쪽 정도의 씨마늘을 얻을 수 있다.

고구마

학명 : Ipomoea batatas L.
과 : 메꽃과
원산지 : 남아메리카
씨앗 수명 : 1년
재배력

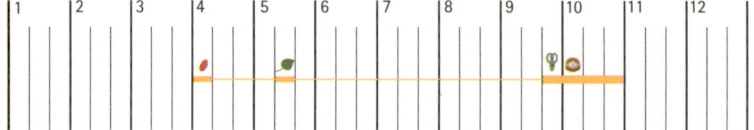

① 06. 15 어린 모종.
② 09. 10 무성해진 모습.
③ 11. 21 먹음직스러운 고구마.

• **재배**

　채소 중에 칼로리가 가장 높은 고구마는 옛날부터 주식 대용으로 많이 먹었다. 고구마 줄기나 뿌리를 자르면 나오는 하얀 액체는 얄라핀(jalapin)이라고 하는 물질이다. 공기와 접촉하면 검은색으로 변하는 성질이 있어서 손바닥과 손가락에 검은색이 묻기도 한다. 고구마 줄기의 껍질을 벗겨본 사람이라면 누구나 경험했을 것이다.

　고구마는 비교적 재배가 쉬운 채소로 양분을 잘 빨아들여 특별히 거름을 내지 않아도 잘 자란다. 오히려 개간지의 빨간 흙에 심으면 맛이 좋아진다는 말도 있다. 어떤 책에는 이어심기를 하면 품질이 향상된다고 쓰여 있기도 하다. 그만큼 척박한 토양에서도 잘된다는 말일 것이다. 채소 재배에 처음 도전하는 사람에게 추천해주고 싶은 채소 중 하나다.

고구마는 심는 방법에 따라 달리는 모양이 달라진다. 눕혀서 심으면 고구마가 일정하고 고르게 먹기 좋은 크기로 열린다. 고구마 순을 세워서 심으면 불규칙한 모양의 고구마가 모여서 달린다.

• 채종

고구마는 식물체의 뿌리가 비대해진 것이다. 고구마 자체를 다음해에 심을 순을 기르기 위한 씨고구마로 이용한다. 고온성 작물에 속하고 3~4월에 순을 내서 토양 온도가 섭씨 20도쯤 되었을 때 순을 잘라서 심는다. 토양을 가리지는 않지만, 비료 성분이 많은 토양에서는 덩굴만 자라고 밑이 잘 들지 않으며 맛도 떨어진다.

병이 없는 200~300그램 정도 크기의 씨앗용 고구마를 묘상에 눕혀서 심는다. 낙엽이나 쌀겨 또는 소똥 등의 유기물을 온상 아래에 넣은 후 물을 충분히 주고 흙으로 덮어주면 온상이 된다. 온실이 있을 경우는 이런 방법을 써서 전열선을 깔지 않고도 3월 중순부터는 순을 낼 수 있다.

씨앗용 고구마를 심기 전에 섭씨 48도 정도의 따뜻한 물에 15분 정도 담그면 흑성병(黑星病, 검은별무늬병) 예방이 가능하다. 혹은 순을 수확한 후에 그늘에서 하루 이틀 말리거나, 황토물에 2~3일 정도 담갔다가 심는 방법도 있다. 잎이 7~8장 달리면 고구마로부터 3센티미터 정도 윗부분을 자른다. 순의 길이는 25센티미터 정도가 심기에 적당하다. 한 번 순을 잘라서 심기 시작하면, 여러 번에 걸쳐서 수확할 수 있다.

수확한 고구마는 2~3일 정도 그늘에서 말렸다가 섭씨 12~13도의 온도가 유지되도록 관리한다. 한 번 놓았던 장소에서 옮기지 않는 것이 좋다.

감자

학명 : Solanum tuberosum L.
과 : 가지과
원산지 : 남아메리카 안데스 지역
씨앗 수명 : 1년
재배력

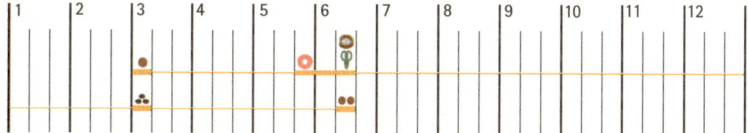

① 06. 13 덜 익은 토마토 같은 감자 열매.
② 07. 13 수확 후 반으로 가른 감자 열매.
③ 07. 13 씨앗 골라내는 모습.

 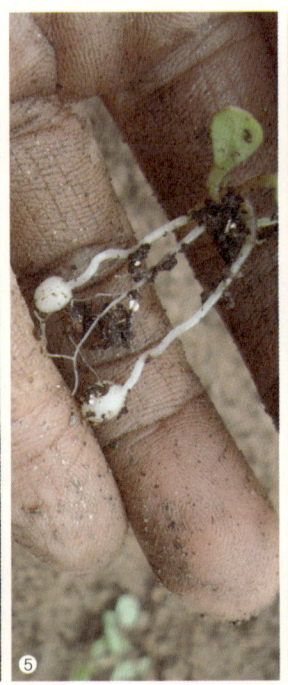  

④ 03. 28 이듬해 골라낸 씨앗을 심자 싹이 났다.
⑤ 04. 23 땅속줄기에 작게 달린 것들이 감자가 된다.
⑥ 06. 13 두둑을 만들고 옮겨 심은 뒤 무성해진 모습.
⑦ 06. 27 감자가 달렸다.

• 재배

감자는 먹을 때의 즐거움보다 캐는 즐거움이 더 크다. 감자 두둑을 앞에 두면 어디에 호미를 넣어야 할지 매번 고민하게 된다. 껍질이 얇아 호미가 살짝만 닿아도 상처가 나기 때문이다. 흙 속에 꼭꼭 숨어 있어, 어디에서 튀어나올지 모르는 감자를 찾아내는 것이 재미있다. 감자를 캘 때만큼은 어른, 아이 할 것 없이 동심의 세계로 빠져든다.

옛날 선조들은 감자알을 말에 달고 다니는 방울과 비슷하다 하여 마

방울토마토처럼 열리는 감자 열매는 서서히 익어가면서 노란빛을 띤다.
열매가 완숙되면 씨앗을 꺼내 보관했다가 봄에 뿌린다. 그러면 보송보송 털이 많은 귀여운 싹이 나온다.

령서(馬鈴薯)라 부르기도 했다. 보통은 봄 재배를 하지만 봄과 가을 두 번에 나누어 재배하는 곳도 있다. 감자 밑이 잘 들게 하기 위해서는 흙살이 부드럽고 물 빠짐이 좋은 곳을 택한다. 5월이 되면 하얀 꽃을 피우는데, 감자로 가는 영양분에 손실이 없도록 꽃망울일 때 미리 따주는 것이 좋다.

텃밭이 없는 도심에서는 주변에서 쉽게 구할 수 있는 종이 박스나 마대 자루 등을 이용할 수도 있다. 종이 박스나 마대 자루 안에 비닐을 깔고 물 빠짐 구멍을 내준다. 그러고 난 후 흙을 채우면 감자를 심을 만한 훌륭한 화분이 된다.

• **채종**

우리가 먹는 감자는 뿌리줄기에 속한다. 감자밭을 매다 보면 표면이 햇빛에 닿아 녹색으로 변한 감자도 있다. 줄기에 해당하기 때문에 광합성을 해서 생긴 현상이다.

감자는 보통 씨앗용 감자를 시장이나 종묘상에서 구입한다. 바이러스 병을 예방 처리해놓았기 때문이다. 하지만 집에서 캔 감자를 심어도 모양이 좀 작되 먹기에는 충분한 감자가 열린다. 요즘처럼 씨감자 값이 비쌀 때는 전에 캔 감자 중에서 작은 것들을 골라두었다가 자르지 않고 통째로 심을 수도 있다. 심기 전에 햇볕을 쬐어 싹이 조금씩 난 상태에서 심으면 더욱 좋다.

씨앗에서부터 감자를 재배해보고 싶다면 감자씨를 받아보자. 감자꽃이 피면 밑이 잘 들게 하기 위해서 꽃을 미리 따주는데, 따지 말고 그대로 두었다가 씨앗을 받으면 된다. 생각처럼 많은 열매를 맺지 않기 때문에 쉽지만은 않다.

감자꽃은 흰색에 보라색이 섞여 있으며 나중에는 연녹색의 열매를 맺는다. 이 열매는 6주 정도면 완숙되고, 완숙하면 수확한다. 완숙한 열매는 부드러운 편이다. 열매를 그릇에서 으깨어 발효시킨다. 그것을 물로 깨끗하게 씻어낸 후 건조시키고 다시 뿌릴 때까지 보관한다. 이 종자에서 다양한 모양의 감자가 만들어진다. 1세대 째는 작지만, 튼튼한 모양의 감자를 선발하면서 5년 정도 채종을 반복하면 몇 개의 새로운 품종이 생긴다. 이들 품종은 각각 간격을 두고 재배하고, 자라는 모습을 정확하게 관찰·기록해 둔다.

낱알이 많은 곡류

낱알이 많은 곡류에는

옥수수, 조, 기장, 벼 등이 있다.

낱알이 많기도 하지만

씨앗이 줄기에 단단히 붙어 있어

도리깨질을 하거나 탈곡기를 이용한다.

수수가 익으면 껍질을 밀어내고 알곡이 밖으로
튀어나온다. 걸어서 말릴 수 있도록 대를 30센티미터 정도
남기고 가위로 잘라낸다.

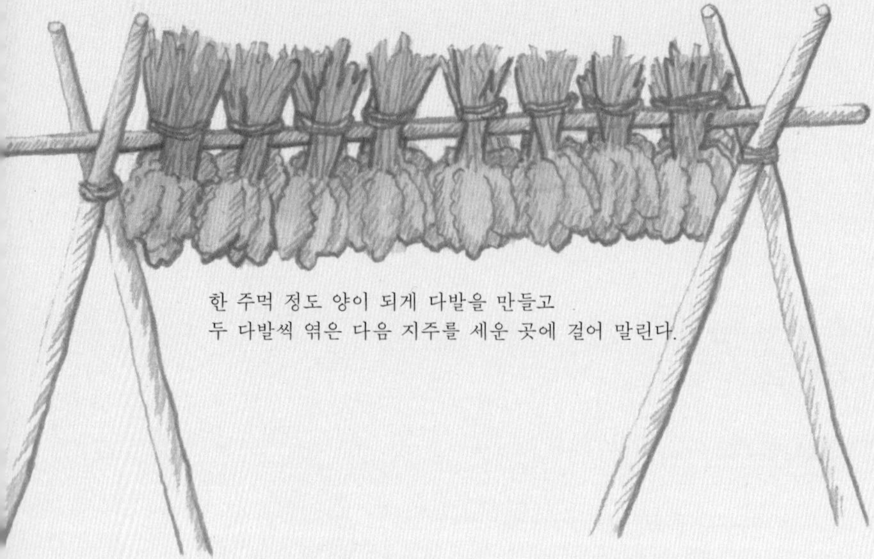

한 주먹 정도 양이 되게 다발을 만들고
두 다발씩 엮은 다음 지주를 세운 곳에 걸어 말린다.

잘 털릴 정도로 마르면 바닥에 포장을 깔고
도리깨나 탈곡기로 털어낸다.

키로 검불을 날려보내고 씨앗만 골라낸다.

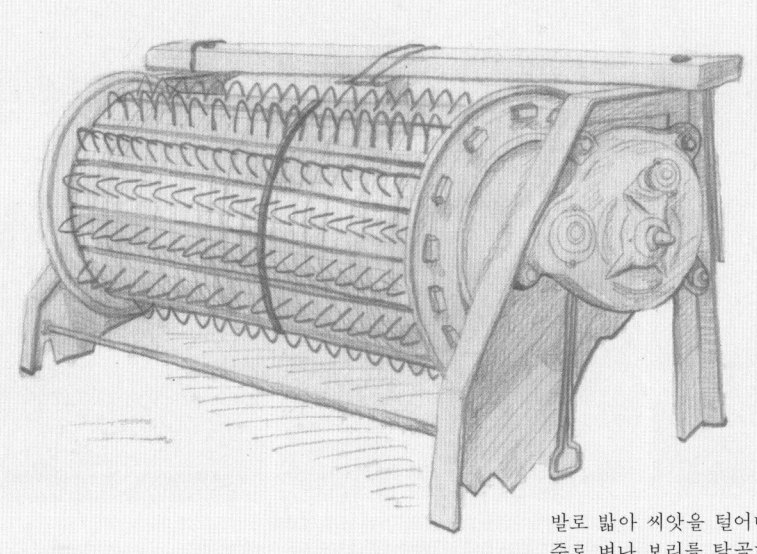

발로 밟아 씨앗을 털어내는 호롱개.
주로 벼나 보리를 탈곡하는 데 쓴다.

옥수수

학명 : Zea mays L.
과 : 벼과
원산지 : 남아메리카 안데스 산록의 저지대
씨앗 수명 : 3~8년
재배력

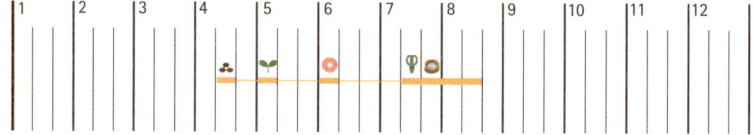

① 07. 02 옥수수염은 한 가닥 한 가닥이 모두 암꽃이다.
② 07. 02 자기 꽃가루를 받지 않도록 봉지를 씌운다.
③ 07. 12 옥수수염이 검게 변하면 수확하기 적당한 때이다.

• 재배

녹색 껍질에 겹겹이 싸여 있는 단아한 옥수수는 여름의 뜨거운 햇살을 받을 때 노란 속살을 드러낸다. 시원스럽게 쭉쭉 뻗어 올라간 잎은 여름 햇살에 마르기 쉬운 텃밭에 그늘을 드리워 수분 증발을 막아주는 역할도 한다. 옥수수는 장운동을 활발하게 할 뿐 아니라 충치 예방에도 효과가 있어 아이들의 간식으로 안성맞춤이다.

옥수수 씨앗은 새들이 좋아하므로 최근에는 묘목으로 키운 다음 밭으로 옮겨 심는 사람이 늘어나고 있다. 묘목으로 키울 경우에는 벚꽃이 필 무렵에 온실에서 파종하고, 밭에 직접 씨를 뿌릴 경우에는 늦서리 피해를 막기 위해 4월 말경에 파종해 7월 하순부터 수확한다. 파종 시기를 열흘 또는 보름 간격으로 두고 6월 말까지 심으면 10월까지도 옥수수를 먹을 수 있다.

옥수수는 다른 채소에 비해 물 빠짐이 좋은 토양을 선호한다. 물 빠짐이 좋지 못할 경우 땅속과 줄기 아랫부분에 많은 뿌리가 만들어진다. 이 뿌리들은 숨을 쉬기 위해 거침없이 땅위로 뻗어 나오기도 한다.

• 채종

옥수수는 암꽃과 수꽃이 한 포기에서 같이 핀다. 수꽃은 포기의 가장 꼭대기에서 피고, 암꽃은 포기 중간 정도의 줄기와 잎 사이에서 핀다. 수꽃은 벼 이삭 같은 모양으로 자라다가 나중에는 작은 구슬 모양의 노란색 수술이 아래를 향해 주렁주렁 달린다. 이때 바람이라도 불면 노란 꽃가루가 눈에 보일 정도로 많이 날린다.

암꽃은 우리가 흔히 볼 수 있는 옥수수수염에 해당한다. 명주실처럼 가느다란 암꽃이 많이 나오는데, 각각의 수염은 옥수수 열매 하나하나와 연결이 되어 있다.

수꽃이 암꽃에 떨어지지 않으면 알이 영글지 않는다. 일반적으로 수꽃은 암꽃인 옥수수수염이 나오기 전에 꽃가루를 터뜨리기 때문에 꽃가루를 받을 확률을 높이려면 두 줄 또는 세 줄 심기를 하는 것이 좋다. 암꽃은 한번 피면 10일 정도 꽃가루를 받을 수도 있지만, 수꽃의 꽃가루는 단 하루만 수분할 수 있으므로 여러 포기를 한곳에 모아 심는 것이 좋다. 옥수수는 특히 자기 포기의 꽃가루를 받는 것을 싫어하는 타가수분 작물이다.

① 옥수수수염(암꽃)이 나오기 전에 옥수수자루 윗부분을 1~2센티미터 정도 자른다. 자르자 마자 봉지를 씌워서 꽃가루가 들어가지 않게 한다.
② 다른 포기 수꽃에 봉지를 뒤집어 씌워 꽃가루가 봉지에 떨어지게 한다.
③ 옥수수자루에 씌웠던 봉지를 벗겨내고 수꽃가루가 담긴 봉지를 거꾸로 들어 옥수수수염에 꽃가루가 떨어지게 한다.
④ 수분이 다 끝났으면 다른 꽃가루가 섞이지 않게 다시 봉지를 씌운다.

조

학명 : Seataria italica (L) Beauvois
과 : 벼과
원산지 : 남부아시아 중부 부근이라는 설이 유력
씨앗 수명 : 2년
재배력

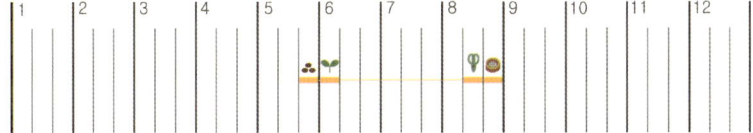

① 07. 16 어린 모종.
② 09. 03 열매가 익으면 저절로 고개를 숙인다.
③ 10. 06 가을의 모든 색을 열매에 담고 익어가는 조.
④ 10. 19 수확 후 거꾸로 매달아 말린다.

• **재배**

조는 개인 농가에서는 잘 재배하지 않는다. 재배할 때나 수확할 때나 손이 많이 가기 때문이다. 강한 햇빛을 좋아하고, 척박한 토양에서도 잘 자란다는 장점이 있지만, 줄기에 비해 열매 덩어리가 크기 때문에 바람에 잘 쓰러진다. 열매가 여물기 시작하면 노랗게 익어가는 모습이 참 예쁘고 탐스럽다.

조는 찰기가 있는 차조와 보통의 성질을 가진 메조로 나뉜다. 씨앗의 색깔에 따라 붉은 대조와 흰 대조로 나누기도 한다.

• **채종**

조는 자가수분 작물이지만, 가까이에 다른 품종이 있을 경우 1% 이내의 교잡율을 보인다. 봄에 뿌릴 때는 5월 하순에 심어서 8월에 수확하고, 보리 후작으로 심을 경우에는 7월에 씨를 뿌려 10월에 수확한다.

씨앗을 뿌리고 4개월 만에 수확이 가능할 만큼 자라는 속도가 빠르다. 줄기가 가늘고 길게 올라오다 보니 비바람에 약하므로 장마 동안 관리가 쉽지 않다. 특히 열매가 여물기 시작하면 무게를 견디지 못해서 바람이 조금만 세게 불어도 쓰러질 수 있다. 조 열매에는 꺼럭이 있기 때문에 씨앗을 선별할 때는 반드시 마스크를 하는 것이 좋다.

기장

학명 : Panicum miliaceum L.
과 : 벼과
원산지 : 동부아시아·중앙아시아
씨앗 수명 : 2년
재배력

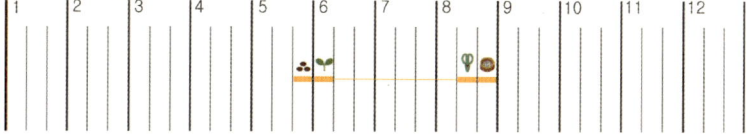

• **재배**

　기장은 잡곡 중에서 재배 면적이 넓지 않고 희귀한 편이다. 장마를 피해서 씨앗을 뿌리면 수확하는 데는 큰 무리가 없지만, 열매가 여물기 시작할 즈음에 바람이 불면 넘어지기 십상이다. 씨앗을 받기 위해서는 구멍이 촘촘한 망을 치는 것도 좋은 방법이다. 지면에서부터 30센티미터 정도 되는 높이에서 한 번 치고, 60센티미터 혹은 90센티미터 높이에서 한 번 망을 쳐주면 바람에 쓰러질까봐 염려하지 않아도 된다. 뿌리는 비교적 땅속 깊이 내리기 때문에 양분을 많이 빨아들이고 고온 건조에도 강한 편이다.

• **재배**

  기장은 자가수분을 원칙으로 하지만, 자연 상태에서는 간혹 타가수분을 하기도 한다. 줄기 굵기가 벼와 비슷하게 올라오기 때문에 약간 빽빽하게 심어 바람에 넘어지지 않도록 한다. 어느 정도 자라서 묘가 튼튼해지기 시작하면 이삭이 너무 빨리 나오거나 키가 너무 작은 묘목은 뽑아내는 것이 좋다. 열매가 익기 시작하면 자연 상태에서 떨어지기 쉽기 때문에 70~80% 정도 여물었을 때 수확한다. 수확한 뒤에는 비를 맞게 하지 말고, 바람이 잘 통하는 곳에서 말린 후 털어낸다.

수수

학명 : Sorghum bicolor Moench
과 : 벼과
원산지 : 북아프리카·아시아
씨앗 수명 : 2년
재배력

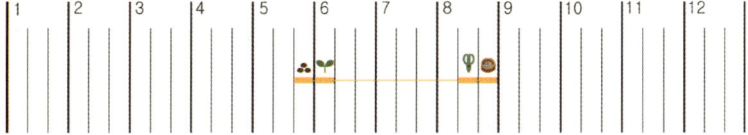

● **재배**

수수는 우리가 일상적으로 먹는 잡곡 중 가장 많은 양을 재배하는 작물에 속한다. 가을에 콩밭 사이사이에 심거나 들깨밭 등에 심는다. 햇빛이 강한 여름에도 잘 자라지만, 수확 시기에 비가 많이 오면, 열매에 곰팡이가 피기도 한다. 키가 커서 수확을 할 때 어려움이 있지만, 최근에는 사람 키 정도로 작은 품종도 있기 때문에 씨앗을 고를 때 참고한다. 석회 성분이 많은 비옥한 토양에서 잘 자란다. 수확 시기에 새의 피해를 막기 위해 양파망 등을 씌워주기도 한다.

• **채종**

  수수는 자가수분 식물이지만, 타가수분율도 높은 편으로 자연교잡율이 3~6% 정도 된다. 가능하면 한밭에는 한 품종만 심는 것이 안전하다. 곡물류 중에서는 키가 유난히 큰 편이어서 바람에 특히 약하다.

  조, 기장과 같이 1년에 두 번 재배가 가능하고, 가을에 심을 경우에는 주로 메주콩밭에 섞어짓기를 하는 편이다. 예전에는 토양에 직접 씨앗을 뿌렸지만 최근에는 모종을 내서 심는다. 번거롭기는 하지만 모종을 내면 다른 작물이나 풀에 치이지 않는다.

  자라는 동안 원래의 모습을 잘 간직하고 있는지 관찰하고 다른 특성을 가진 묘목은 제거하는 것이 좋다. 열매가 여물기 시작하면 씨앗 껍질이 터지면서 수수 알갱이가 보인다. 이때 열매를 한두 개 따서 이빨로 깨물어보면 알곡이 새하얀 색으로 변한 것을 확인할 수 있다. 잘 여문 이삭을 목 부분에서 베어낸 다음, 서너 자루씩 묶어 거꾸로 매달아 말린 후 탈곡한다.

벼

학명 : Oriza sativa L.
과 : 벼과
원산지 : 인도·중국
씨앗 수명 : 1년
재배력

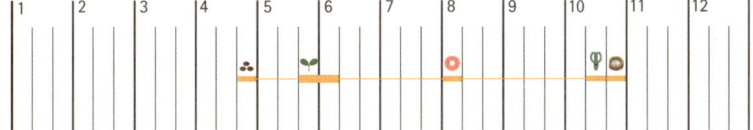

① 04. 21 4월이 되면 볍씨를 모판에 뿌린다.
② 05. 31 5월이 되면 논으로 나갈 준비를 한다.
③ 06. 18 6월 모내기.

④ 08. 16 벼꽃.
⑤ 10. 13 벼가 누렇게 익어가는 들녘.
⑥ 10. 16 벼바심이 끝나면 햇볕에 널어 수분 15% 이하가 되게 보관한다.

• 재배

쌀은 우리나라뿐만 아니라 동남아시아 대부분의 나라에서 주식으로 삼는 곡식이다. 논에 직접 씨를 뿌리는 직파재배와 모를 길러서 심는 이앙재배가 있는데 한국에서는 이앙재배를 주로 한다. 수확 시기에 따라 조생, 중생, 만생벼로 나뉜다. 품종은 다양하며 지역에 따라 선호하는 품종도 다르다. 충청도 지방에서는 주로 추청을 재배하는 경우가 많다.

벼 재배에서 가장 중요한 것은 물대기로, 논둑에 구멍이 생기지 않도록 아침저녁으로 논둑을 관리해주는 것이 좋다. 풀 관리도 중요한데, 유기농업 농가에서는 손으로 매주거나 우렁이 혹은 오리를 논에 넣어 키우면서 제초 효과를 보는 경우도 있다.

• 채종

벼는 자가수분 작물이지만, 1% 이내로 타가수분을 한다. 4월에 씨앗용 볍씨를 고르고, 5월 말에서 6월 초에 논에 모내기를 하면 8월 초에는 꽃이 핀다. 다른 작물처럼 꽃이 화려하지는 않다. 벼 이삭이 패기 시작하면 그 안에서 암꽃과 수꽃이 함께 피고, 수술이 이삭을 열고 밖으로 나오기 때문에 꽃이 피었다는 것을 알 수 있다.

볍씨를 고를 때는 소금물에 담가 위로 떠오르는 것은 건져내고 가라앉은 볍씨만 이용한다. 소금물의 농도는 계란을 띄웠을 때 계란 표면이 500원짜리 동전 크기만큼 위로 올라오는 정도가 적당하다. 이 작업을 '염수선(鹽水選, 소금물고르기)'이라고 한다.

염수선이 끝나면 햇볕에 널어 잘 말려서 2킬로그램씩 양파 자루에 담아놓는다. 볍씨를 뿌리기 10일 전에 섭씨 60도에서 7~10분간 열탕 소독을 한다. 열탕 소독을 통해 키다리병을 예방할 수 있다. 열탕 소독이 끝나면 바로 찬물에 담근다. 낮 동안은 물에 담가주고, 밤에는 건져서 적산 온도가 섭씨 100도(섭씨 10도에서 10일이면 100도)가 되게 한다. 이 과정을 통해 볍씨에 들어 있던 발아 억제 물질이 빠져나간다.

그 사이 볍씨 뿌리기에 적당한 크기로 싹이 나온다. 싹이 튼 볍씨는

호롱개로 탈곡하는 모습. 골고루 털어지도록 볏단을 돌려가면서 턴다.

바람에 살짝 말린 다음 모판 상자에 뿌린 후 못자리에 설치한다. 못자리를 설치하고 한 달 후, 즉 본엽이 2~3장 나오면 그때 모내기를 하도록 한다.

가을이 되어 벼 이삭이 누렇게 익으면 다른 품종과 경계선 지역에 있는 포기들은 남겨두고 논 안쪽에 있는 벼를 낫으로 수확한 후 단을 묶어 세워서 말린다. 벼는 특히 찰벼와 교잡이 일어날 확률이 높기 때문에 가까이에 심지 않도록 한다.

막 수확한 벼는 20~25% 정도의 수분을 가지고 있다. 이듬해 뿌릴 씨앗으로 보관하기 위해서는 잘 말려서 수분율을 15% 이하로 떨어뜨려야 한다. 옛날 사람들은 오감으로 수분율을 알았다고 한다. 손으로 벼 이삭을 한 주먹 들었다가 떨어뜨릴 때 나는 차라락 소리나 이빨로 깨물었을 때 볍씨의 단단한 느낌으로 파악했다는 것이다.

탈곡 후 충분히 잘 말린 볍씨는 3년 정도 보관이 가능한데, 발아율은 50% 정도로 떨어지기 때문에 적은 양의 종자를 오랫동안 보존하기 위해서는 밀봉해서 냉동실에 보관하는 것이 좋다.

|부록| 풀무학교 학생들의 씨앗농사 일기

초보 채종가의 '씨앗을 맺도록 재배하기'

전공부 8기 창업생(졸업생) 박형일

다르다

우리가 학교에서 경험한 '일반재배'와 씨앗을 얻기 위해 하는 '채종재배'는 다르다. 더 정확히 말하면 다른 부분도 있고 같은 부분도 있다. 굳이 '다르다'는 점을 강조하는 이유는 재배 전에 목적을 분명히 하고 그 목적을 의식하지 않으면 (일반 재배만 경험한 우리는) 채종재배를 일반 재배로만 여기기 쉽기 때문이다.

조금 더 자세히 설명하면, 벼·밀·콩·팥 등 자가수정을 하면서 익은 열매를 먹는 작물들은 채종재배와 일반재배에 큰 차이가 없다. 하지만 상추·배추·당근·무 등 열매가 아닌 잎이나 뿌리를 먹는 작물들이나 호밀, 옥수수처럼 익은 열매를 먹지만 타가수정을 하는 작물들은 일반재배와 달리 채종을 위한 재배를 해주어야 한다. 일반재배를 할 때는 종자가 섞이더라도 수확량이 많고 품질이 좋으면 되지만 채종재배는 순수하고 충실한 종자를 얻는 것이 가장 중요하기 때문이다.

'고작 2년' 경험에 따르면 씨앗을 맺도록 재배하기 위해서는 '작물의 생리'를 알아야 한다. 언제 씨앗을 맺는지 또 씨앗을 맺으려면 어떤 환경이 필요한지, 자가수정 작물인지 타가수정 작물인지 등을 알아야 한다. 작물 중에 특히 저온(낮은 온도)을 지나야 씨앗이 열리는 작물이 있는데(무·배추·당근·비트 등) 이런 작물들은 생리를 모르면 열심히 애를 써 재배해도 씨는커녕 꽃조차 구경 못하는 경우가 다반사다.

작물이 가지고 있는 여러 생리적 특징들 중에 작물이 타가수정인지 자가수정인지, 저온을 지나야 꽃이 피는 작물인지, 또 수확 시기는 언제인지는 꼭 확인해두어야 한다. 특히 장마철이면 특별한 관심을 필요로 한다. 나도 올해 당근과 비트를 생리적 특성을 공부하지 않은 채 무작정 재배하다 큰 아픔을 겪었다. 특히 씨앗을 다시 구하기 어려운 작물인 경우에는 그 아픔이 더 깊고 크다.

양분을 일반재배와 다르게 해야 한다고 말하는 책도 있다. 비옥한 토질보다는 다소 척박한 토양에 인산이나 칼리질 비료를 주고 질소는 많이 주지 말라고 권한다. 어떤 차이가 있는지까지는 아직 경험을 해보지 못해 자세히는 모르겠다. 학교 채종포도 밑거름만 조금 넣고 다소 척박하게 관리를 해주었다. 이것 역시 절대적 기준이 있는 것이 아니라 작물마다 차이가 있는 것 같다. 내년부터는 이 부분도 신경을 써 재배를 해보려고 한다.

종자는 언제 수확할까?

작물이 씨앗을 맺도록 재배했다면 이제 제때 수확하는 일이 남았다. 알맞은 때에 종자를 수확하지 못하면 애써 재배해 채종한 종자가 다음 해 심어도 싹이 트지 않거나 곰팡이가 피어 상하게 된다. 종자를 제때 수확해야만 좋은 종자를 얻을 수 있다.

책이나 자료마다 이르지도 않고 늦지도 않게 완숙했을 때 수확하라고 하는데 이것처럼 쉬우면서 난감한 말도 없다. 언제가 '완숙'인지 초보인 우리로서는 알기 어렵기 때문이다. 책이나 자료를 참고하다 보면 '완숙'한 때가 언제인지 친절히 설명이 되어 있는 작물도 있지만 그렇지 않은 작물들도 있다. 벼나 밀처럼 완숙 시기를 겉모습만으로 쉽게 알 수 있는 작물이 있는가 하면 단호박처럼 겉모습만으로 완숙 여부를 알기 어려운 작물도 있다.

겉모습만으로는 완숙이 언제인지 알기 어려운 작물을 채종할 때 내가 사용한 방법은 '작물별 등숙 일수'를 이용하는 것이었다. 인터넷이나 책을 통해 자료를 찾다 보면 작물별로 대강의 등숙 일수를 쉽게 찾을 수 있다. 예를 들어 밀은 출수 후 30~40일이 등숙이 된다.

열매가 맺히거나 이삭이 패면 일지에 메모를 해두거나 라벨이나 리본 등으로 모본(재배한 작물 중에 채종하기 위해 선택된 우량한 작물)에 직접 표시를 해두었다가 등숙 일수에 맞추어 수확한다. 표시만 해두고 그냥 두면 잊어버리기 쉬우니 탁상 달력 등에 수확기의 ±5일 정도에 표시를 해두면 잊지 않고 채종할 수 있다. 짧은 경험으로는 완숙보다 조금 일찍, 혹은 조금 늦은 때 채종해도 발아에는 큰 문제가 없는 것 같다.

한 가지 강조하고 싶은 것은 '완숙'을 기다리다 종자를 수확조차 하지 못하는 경우가 있다는 것이다. 특히 여름철에 채종하는 작물은 완숙을 기다리다 비가 내려 종자가 썩거나 곰팡이가 피기 쉽다. 비 가림을 해주어도 그렇다. 그러므로 완숙도 중요하지만 기상 조건이나 여러 상황 등을 고려해 채종 시기를 유연하게 판단해야 한다. 조금 이르게 베어 후숙을 하는 것도 안전한 방법이다. 이때도 곰팡이나 벌레 피해가 없도록 해야 한다. 또 녹두처럼 종자가 다 익어 떨어져 나가지 않도록 잘 관리해주어야 한다.

거둔 씨앗을 갈무리한다

채종을 시작하는 사람에게는 작물을 채종 가능하도록 재배하는 일만큼이나 알맞은 때에 갈무리하는 것도 중요하다. 그러려면 세심한 관찰과 부지런한 수고가 필요하다. 작물에 대한 공부가 필요한 것도 재배와 마찬가지다.

1. 탈곡하기

작물별로 조금씩 차이는 있지만 규모가 작은 자가채종의 경우에는 기계를 쓰기보다는 손이나 작은 도구를 이용해 탈곡한다. 어떤 방법이 되었든 가장 중요한 것은 '종자가 깨지거나 상하지 않도록' 하는 것이다. 몇 번 해보면 작물별로 요령이 조금씩 생기는데 나름대로 경험하거나 얻게 된 노하우를 아래 '채종 기술' 편에 정리해두었으니 참고가 되었으면 한다.

2. 충분히 말리기

종자는 탈곡 후 반드시 잘 건조해야 한다. 그렇다고 빨리 건조하기 위해 오랜 시간 직사광선에 건조해서도 안 된다. 수확한 다음 이삭이나 꼬투리째 바로 건조하는 것이 편리한 작물이 있고, 탈곡한 후에 건조하는 것이 편리한 작물이 있다. 일일이 자세히 설명하기는 어렵지만, 각자가 경험하다 보면 자연스럽게 자기에게 맞는 요령과 지식이 생기는 것 같다.

다시 한 번 강조하지만 종자는 꼭 잘 말려야 한다. 밀 종자처럼 장마기에 수확한 종자는 충분히 말리기 어려운데 그럴 때는 장마가 끝난 다음 꺼내 다시 말려야 한다. 종자를 보관하고 관리하는 데 있어서 '수분'은 아주 중요한 조건이다.

3. 정선하기(골라내기)

종자를 보관하기 전에 종자를 잘 정선해야 한다. 종자 정선이란 탈곡한 종자에서 불필요한 것들(부스러기나 풀, 흙, 쭉정이 등)을 골라내는 것이다.

정선을 손으로만 하는 것은 수고와 어려움이 따르지만(특히 종자 크기가 작을수록) 도구들이 잘 갖추어져 있으면 일이 한결 편하다. 가장 유용한 도구는 키나 체, 풍구, 넓은 접시, 핀셋 등이다. 키나 체를 이용하기란 그리 쉽지 않다. 할머니나 어머니들이 하시는 걸 보면 참 쉬워 보인다. 키에 올라 있는 씨앗들을 높이 들어올리면 바람을 타고 내려오면서 쭉정이는 날아가고 알곡들이 무게를 실고 내려온다. 키에 내려 앉은 씨앗들은 이리저리 움직이는 손의 방향에 따라 파도치는 소리를 내면서 가지런히 자리를 잡는다. 이렇게 하기를 여러 번. 그 사이 튼실하게 영근 씨앗들만 키에 남게 된다. 그에 반해 체는 처음 하는 사람들에게도 아주 편하다. 다만 체의 경우는 구멍의 크기가 다양하기 때문에 씨앗의 크기에 맞게 골라서 쓸 수 있도록 다양한 종류의 체를 준비해두는 것이 좋다.

거둔 씨앗을 잘 보관한다
1. 보관 관리의 중요성

채종을 처음 시작할 때 재배·수확·정선에 비하면 보관은 아무것도 아니라고 생각했다. 공부한 자료에도 짧고 간단하게 나와 있고 소개된 방법도 그다지 어려워 보이지 않았다. 쉽고 간단한 일, 별로 신경 쓰지 않아도 될 일로 생각했던 것이다. 하지만 나의 방심으로 인해 그동안

공들인 채종의 모든 것이 실패하는 아픔을 수차례 겪었다. 그리고 나서야 비로소 종자 보관과 관리의 중요성을 알게 되었다.

여기에 내가 공부한 것들과 경험한 것들을 정리해보겠다. 하지만 종자를 보관하고 관리할 때 가장 중요한 것은 여기에 정리한 기술이나 지식이 아니라 '관심'이다.

2. 종자의 보관 방법

종자를 제대로 보관하지 않으면 종자의 수명과 활력이 단축되어 제대로 싹이 트지 않는다. 곰팡이가 피거나 벌레가 껴 종자가 손상되기도 한다. 종자를 보관하고 관리하면서 잊지 말아야 할 것은 종자는 잠시 잠들어 있을 뿐, '살아 있다'는 것이다.

종자가 죽거나 상처 받지 않게, 즉 건강하게 잠들어 있게 하려면

첫째, 온도와 습도를 최대한 낮추어주고

둘째, 잘 밀봉해 보관해야 한다.

온도와 습도를 낮추는 까닭은 종자의 안에 있는 저장 물질과 효소가 변하는 것을 막기 위해서이다. 밀봉을 하는 까닭은 습기, 무엇보다 벌레의 피해를 막기 위해서이다. 일반적으로 종자 보관에 가장 적당한 저장 온도와 습도는 섭씨 4도 이하, 상대습도는 30~40%이라고 한다.

종자를 보관할 때 온도와 습도를 강조한 자료는 많았지만 너무나 당연한 이야기라 그런지 용기를 잘 닫아주라거나 밀봉하라는 이야기는 중요하게 다루고 있지 않았다. 하지만 온도와 습도를 아무리 조절해도 종자를 보관하는 용기를 잘 닫아 보관하지 않으면 종자 보관에 실패하

기 쉽다.

  종자를 보관할 때 가장 좋은 방법은 저온 제습 저장고에 종자를 보관하는 것이다. 하지만 보통은 그런 시설을 가지고 있지 못하기 때문에 가정용 냉장고를 활용하면 편리하다. 일반 냉장고는 습기가 문제가 되므로 보관 전에 충분히 건조하고, 습기가 들어오지 않도록 뚜껑을 단단히 닫아야 한다.

  습기를 막기 위해 실리카겔 같은 건조제를 함께 넣어도 좋다. 실리카겔은 과자나 김 등에 들어 있는 건조제를 말려 재활용해도 좋고, 인터넷 등에서 구입해도 된다. 형편이 된다면 종자 전용 저장고를 하나 마련해두어도 좋다. 중고 구형 냉장고를 하나 구해 종자 전용 냉장고로 하고, 안에 제습제를 넣어주면 큰 비용과 어려움 없이 종자를 보관할 수 있을 것이다.

  냉장고 안에 종자를 보관할 때는 안이 잘 들여다 보이고 밀봉이 잘 되는 용기를 쓰는 것이 좋은데, 경험상 빈 잼 병이나 비닐 지퍼백이 사용하기에 무난했다.

  습도에만 주의하면 냉장고와 냉동고 모두 종자 보관용으로 이용할 수 있다. 단명종자(수명이 1년 이하의 씨앗)는 냉동고에, 장명종자(수명이 2년 이상 되는 종자)는 냉장고에 보관하면 좋다.

  냉장고를 종자 저장고로 활용할 수 없을 때는 햇빛이 들지 않고 서늘하며 바람이 잘 통하는 곳에 보관하면 좋다고 한다. 이럴 때는 지퍼백보다는 공기가 통할 수 있는 종이봉투가 적절하지 않을까 생각한다.

  마지막으로 강조하고 싶은 것은 종자를 보관한 용기나 봉투에 채종한 날짜와 종자 이름을 꼭 적어두어야 한다는 것이다. 종자를 보관하다 보면 겉모습만으로 어떤 종자인지 알기 어려운 것이 많다. 이것이 작년에 수확한 종자인지, 재작년에 수확한 종자인지, 또 어떤 품종인지도 겉모습만으로는 알기 어렵다. 귀찮은 마음에, 눈에 익었다고 생각해서 봉투에 정보를 상세히 쓰지 않고 봉하는 경우가 종종 발생한다. 이것 때문에 종자가 섞여버려 다시 종자를 수집해야 하는 난감한 일을 겪은 적이 있다.

겉보기만으로도 메주콩인지 강낭콩인지 정도는 구분할 수 있다. 하지만 겉모습만으로는 알 수 없는 유전적 특성은 꼭 기록해두어야 한다. 같은 메주콩이라도 이것이 일찍 거두는 조생종인지 늦게 거두는 중만생종인지, 같은 강낭콩이라도 이것이 울타리(덩굴성) 강낭콩인지 앉은뱅이(직립성) 강낭콩인지 꼭 표기해두도록 한다.

내가 경험한 채종 기술

내가 익히고 경험한 채종 기술을 정리해보려고 한다. 이런 것들을 '기술'이라고 할 수 있을지 모르겠다. '기술'이라고 부르기에는 사소하고 쉬운 것들이지만 모르거나 놓치면 채종할 때 괜한 수고를 하거나 채종에 실패할 수 있는 부분들이다.

하지만, 이 기술들이 모든 작물에 똑같이 쓰이는 것은 아니다. 작물별로 쓰이는 기술이 다르다. 또 상황에 따라 기존의 방법을 바꾸어 쓰거나 새롭게 만들어 쓸 수도 있다.

1. 모본 선발

채종을 할 때 가장 기본은 '모본'을 잘 선발하는 일이다. 모본의 뜻을 간단히 설명하자면 '씨앗을 받기 위해 선택한 좋은 포기' 정도로 말할 수 있다. 모본 선발은 품종을 고정하거나 고정된 품종을 얻기 위해, 또 좋은 품종을 육종하기 위해서 꼭 필요한 일이다. 간단한 일 같지만 의외로 해보면 헷갈리고 실수하기 쉽다. 모본을 선발할 때 가장 쉽게 저지르는 실수는 '눈으로만 찜'해두고 아무 표시를 하지 않는 것이다. 처음에는 기억할 수 있을 것 같지만 작물이 자라나고 시간이 지나면 내가 점찍어 놓았던 모본을 찾기 힘들어진다.

심어둔 작물 중에 건강하고 이상적인 포기들을 정하고 표시해두었다가 채종하면 된다. 모본 선발에 대해서는 보다 깊이 있게 알아두는 것이 좋다. 모본 선발에 대해 잘 알고 있으면 품종을 고정하거나 더 나은 품종을 만들기 위해 육종을 할 때 유용하게 사용할 수 있다.

2. 비 가림

작물에 따라, 또는 종자를 수확하는 시기가 장마철인 경우에는 '비 가림'을 꼭 해주어야 한다. '비 가림'을 소홀히 했다가 장마철에 종자를 꼬투리째 썩히기도 하고, 겉모습은 멀쩡해 보여 종자를 심었는데 '발아'가 되지 않은 경우도 있었다. 비(또는 과도한 수분)는 등숙기에 종자의 질을 떨어뜨리므로 비 가림을 해주든 아니든 꼭 신경을 써야 한다.

가장 좋은 비 가림 시설은 튼튼하고 안전한 하우스이겠지만, 우리가 하는 채종은 대부분 작은 규모이기 때문에 간이 시설을 만들어 사용해야 하는 경우가 많다.

하지만 잊지 말아야 하는 것은 비록 간이 시설이라도 되도록 튼튼하게 지어야 한다는 사실이다. 비는 강한 바람과 함께 오는 경우가 많기 때문에 어설프게 비 가림 시설을 했다가는 십중팔구 부서지거나 날아가버린다.

만약 비 가림을 해줄 여건이 되지 않는다면 작물을 줄기째 베어서 거꾸로 매달아 후숙을 해도 된다. 물론 이때도 습기에 주의해야 곰팡이가 피지 않는다.

비든 공기 중 습기든 채종할 때 물은 무조건 주의해야 한다. 종자가 발아할 때는 물이 꼭 필요하지만, 종자가 익어갈 때와 종자를 저장할 때는 물을 최대한 멀리해야 한다.

비 가림을 꼭 해주어야 하는 작물은 종자 수확기가 장마철인 작물, 씨앗 껍질이 얇아서 종자가 수분에 쉽게 영향을 받는 작물들이다. 대표적으로 당근, 상추, 귀리가 있다.

당근과 상추는 노지에 심은 후 우산 모양으로 비 가림을 해주기도 한다. 하지만 씨앗 받는 시기가 장마철과 겹치기 때문에 비바람에 쓰러질 우려가 있다. 가능하면 씨앗 받을 몇 포기를 온실에 아주심기 해주면 편리하다. 귀리 역시 키가 커서 잘 넘어지기 때문에 온실이나 바람이 잘 타지 않는 장소에 심는 것이 좋다. 강낭콩은 비 가림은 하지 않더라도 수확기에 긴 장마가 오면 종자 삼을 것을 미리 베어서 줄기째 매달아 거꾸로 후숙하면 좋다.

3. 후숙해서 발효시키기

오이나 토마토는 씨앗이 젤리 층으로 싸여 있다. 이 물질은 물로 쉽게 씻기지 않아 씨와 분리하기가 어렵다. 이럴 때는 씨앗과 젤리 층을 함께 꺼내 발효를 하면 씨앗과 젤리 층이 쉽게 분리된다. 또 발효 과정에서 발생하는 열을 이용해 종자 소독도 할 수 있다.('따뜻하면 옷을 벗는 씨앗' 참고)

후숙 후 씨앗과 젤리 층을 함께 꺼내 발효시키는 작물은 오이와 토마토가 대표적이다. 하지만 발효를 하지 않더라도 가지나 박과 작물은 채종을 할 때 일정 기간(대략 3~7일 정도)을 열매째 그늘에서 후숙시키는 것이 좋다고 한다.

오이는 후숙시킨 후 과육과 씨를 함께 숟가락으로 파내고, 토마토는 딱 먹기 좋을 때 따서 손으로 꽉 누르거나 칼로 반으로 가른 다음 과육과 씨를 짜낸다. 짜낸 과육과 씨(열매를 통째로 발효시킨 후에 씨를 짜내기도 한다)를 그릇에 넣고 비닐로 폭 둘러싼 다음 섭씨 40도 정도 되는 장소(온실이나 햇빛이 잘 드는 곳)에서 발효를 시킨다. 이 과정을 통해 반점세균병이나 반점궤양병을 예방할 수 있다.

가지와 호박은 완전히 익어 노랗게 변하면 따내고, 7~10일 정도 그늘에서 후숙을 시킨 후 씨앗을 발라내, 물로 깨끗이 씻은 후 말리면 된다.

4. 저온을 지나야 하는 작물 채종하기

작물 중에는 저온을 지내야 꽃대가 올라와 씨앗을 받을 수 있는 것들이 있다. 앞에서도 잠깐 이야기했지만 이런 특징을 모르면 아무리 열심히 재배해도 씨앗을 얻기 힘들다. 대표적인 작물은 무, 배추, 양배추, 양파, 마늘, 당근, 비트, 밀 등이 있다.

이런 작물들을 채종할 때 가장 중요한 것은 저온을 지내게 하는 것은 물론, 저온을 지내는 동안 작물들이 얼어 죽지 않도록 하는 일이다. 노지나 하우스에서 겨울을 지내게 하거나 냉장고 등 저온 시설에 일정 시간 넣었다 빼는 방법이 있다. 지역마다 기온이 다르기 때문에 쓰는 방법이 다르다.

우리 학교의 경우, 무와 당근은 땅을 파고 묻었다. 이상기후를 대비해 가능하면 온실을 이용하고 50센티미터 깊이로 땅을 파고 묻는다. 하우스가 없을 때는 1미터 깊이로 땅을 파고 무와 당근을 넣은 후 흙을 다시 덮는다. 그 위에 눈이 녹아 들어가는 걸 막기 위해 볏짚으로 보온한 후 비닐이나 두꺼운 천막 등을 다시 한 번 덮어 마무리한다.

배추, 양배추, 비트는 노지에서 겨울을 나기도 하지만 안전을 위해 온실 안에서 겨울을 나도록 하는 것이 좋다. 비트는 밑동이 땅 위로 올라와 얼 위험이 있다. 온실 안에 심고 볏짚이나 낙엽 등으로 보온을 해주면 큰 무리 없이 겨울을 난다.

마늘과 양파, 밀은 너무 늦게 심지 않도록 한다. 적기에 심지 않으면 뿌리가 내리기도 전에 얼어서 동해를 입을 위험이 있기 때문이다.

5. 잘 털고 정선하기

작물을 타작하고 정선하는 일은 언뜻 단순하고 쉬워 보이지만 의외로 까다롭고 손이 많이 간다. 껍질이 단단하고 강하게 붙어 있어 탈곡이 어려운 작물들도 있다. 또 씨앗이 아주 작고 가벼워 정선하기 무척 힘든 것들도 있다. 경험을 통해 노하우를 쌓고 알맞은 방법과 효과적인 도구를 찾아 쓰게 되면 좀 더 쉬워질 것이다.

6. 잘 말리기

가장 쉽다고 생각하기 때문에 소홀하기 쉽고, 그래서 정성껏 채종한 씨앗들을 버리기 쉬운 과정이다. 말리기에 실패해 씨앗을 버리게 될 때의 안타까움과 아픔은 겪어본 사람만이 안다. 작물별로 씨앗의 특성을 잘 관찰하면서 꼬투리째 말리거나 혹은 씨앗을 다 골라낸 다음 말리는 등 작물에 맞는 방법을 찾는 것이 중요하다.

우리만의 씨앗을 만든 1년

전공부 11기 창업생(졸업생) 장은경

2011년 3월 25일

    동기들과 모여 각자 1년 동안 농사지을 텃밭을 정했다. 용희 언니와 나는 채종하우스와 밭을 맡기로 했다. 밭 크기와 이랑 크기를 재고 어떤 작물을 심을지 고민했다. 농사의 기본은 씨앗이라는 생각에 채종하우스를 맡기로 했는데 잘할 수 있을까? 당번(원예, 축사, 식사)도 해야 하고 실습도 해야 하고. 사실 텃밭 일은 일과 외 시간을 내서 해야 해서 참……. 특히 식사 당번일 때는 아침부터 저녁까지 밥을 지어야 하니 텃밭에 갈 시간이 새벽 말고는 없다.

2011년 3월 29일

드디어 파종! 텃밭에 심을 작물을 포트에 파종했다. 그전에 경작 계획을 세웠는데 머리 아파 죽는 줄 알았다. 섞어짓기, 연작 피해, 포기 간격, 심는 시기와 수확 시기, 거기에 학교 식당에 자급할 먹거리까지! 얼마나 생각해야 할 게 많은지……. 심고 싶은 것 중에 포기한 것도 있고 심기 싫은데 심어야 하는 것도 있다. 농사지으려면 똑똑해야 한다더니. 어쨌든 씨를 받으려 작년에 심어놓은 아이들과 파종한 아이들까지 합치면 우리가 돌볼 아이들이 무려 30종이 넘을 것 같다. 최대한 많은 종류의 씨앗을 받아봐야지.

2011년 4월 8일

3월에 망을 씌운 배추에 꽃이 피었다. 오도 선생님에게 1학년 전체가 십자화과 수분하는 방법을 배웠다. 타가수분하는 배추는 다른 꽃과 섞이면 안 된다. 망 안으로 들어가 핀셋으로 암술머리에 꽃가루를 일일이 묻혀주었다. 씨를 받기 위해 이런 수고를 해야 하다니. 엄마는 이렇게 씨를 안 받았는데 전문가들은 이렇게 씨를 받나 보다. 채종을 전문적으로 하는 사람들 성격이 어떨지 대략 짐작이 간다.

2011년 4월 17일

요즘 논농사 준비로 너무 바쁘다. 텃밭에도 모종을 옮겨 심어야 하는데. 그러려면 밭도 만들어야 한다. 그런데 일과 중에는 시간이 없다. 그래서 1학년이 모여 주말에 텃밭 일 품앗이를 하기로 했다. 아무래도 둘이 하는 것보다 여덟 명이 하는 게 빠르니까. 오늘은 밭마다 돌아가며 퇴비 넣고 뒤집기 품앗이를 하기로 했다. 새참으로 먹게 생협에 가서 빵이랑 요구르트라도 사와야겠다.

2011년 4월 20일

씨를 받으려면 공부도 해야 한다. 씨는 절로 맺히고 그냥 받으면 되는 거 아닌가 했는데 세상에 쉬운 일이 없다. 언니와 나 말고 제규, 채근이도 함께 하겠다고 해서 매주 한 번씩 만나기로 했다. 오도 선생님한테 자료를 받기는 했는데 어떤 방향으로 공부해야 할지 감이 안 와서 학교 다닐 때 채종하우스를 맡았던 형일 선배를 만나 이야기를 나누었다. 선배는 졸업 논문으로 채종 매뉴얼을 만들려 했다고 한다. 선배님도 학교를 다니며 채종 동아리를 했는데 씨드림, 농촌진흥청, 사티바에서 씨를 받아 채종도 해보고 새벽에 모여 공부도 했다고 한다. 음. 우선 우리는 직접 씨를 받으며 기본부터 차근차근 했으면 좋겠다.

2011년 5월 3일

텃밭 일을 실습 시간에 했다. 모종을 옮겨 심어야 하기 때문이다. 좀 늦은 아이들도 있지만 모두 잘 자라주었다. 메리골드가 두더지를 막아준다고 해서 꿈뜰농장에서 모종을 얻어왔다. 그런데 우리가 심으려는 수보다 모종이 적었다. 각 텃밭끼리 의논해서 서로 나눠야 하는 상황. 모두 처음 계획했던 수만큼 심고 싶어 했다. 어찌 저찌 나누긴 했는데 결국 모두 조금씩은 마음이 상한 것 같다. 서로 다른 밭을 가꾸는데 필요한 물건은 정해진 것을 나눠 써야 하니 조금씩 서운해지고는 한다.

2011년 5월 6일

이 모종이 어디서 왔느냐! 우리가 파종한 건 아닌데. 어떤 선배가 마트에서 산 파프리카에서 채종한 씨를 심은 모종이란다. 몇 년 전에 심은 것이란다. 이런 방법도 있구나. 그런데 어떤 모양이 나올지는 알 수 없다고 한다. 이런 씨는 이런 저런 특성이 막 섞여 있기 때문이다. 수년에 걸쳐 진짜 파프리카 모양으로 나는 아이들을 골라 계속 채종하다 보면 일정한 모양으로 열매 맺는 때가 온다고 하는데 그게 언제일지는 알 수 없다고. 은근과 끈기라는 말이 절로 떠오른다.

2011년 5월 18일

학교 곳곳에 붙은 시드세이버스(Seed Savers) 포스터의 정체를 알았다. 2006~2007년 쯤 진경 선배님과 혜진 선생님이 채종에 대해 배우기 위해 호주 시드세이버스에 다녀왔다고 한다. 이런 엄청난 열정! 주눅이 들지만 어쨌든 용희 언니와 내 목표는 소박하게 '여러 가지 텃밭 작물의 채종 전반을 경험하고 기록한다'니까 너무 욕심내지 말자! 욕심내지 말고 지치지 말자!

2011년 5월 24일

오랜만에 실습 시간에 텃밭 일을 할 수 있는 귀한 기회가 왔는데 나는 식당번이다. 용희 언니 혼자 채종밭 일을 하고 있다. 으이구. 그래도 오늘 아침에 양파 꽃을 보았다. 토종 양파라는데 딱 한 송이 피었다. 사티바에서 가져와 심은 양파도 꽃을 피웠는데 그것보다 꽃송이가 예쁘다. 앙증맞다.

2011년 6월 10일

오도 선생님이 완두콩을 채종해보라고 누렇게 익은 완두콩을 가져다주셨다. 우리가 심은 건 아니고 학교 밭에 조금 심었던 것이다. 완두콩이 자라는 것을 가서 보고 사진도 찍으라고 하셨는데 거기까지는 우리가 못했다. 시중에서 파는 대협 완두콩을 선배들부터 계속 채종해왔다고 한다. 그러고 보면 채종하우스와 밭에는 선배들의 꾸준한 노력으로 이어온 씨앗이 참 많다. 파프리카도 그렇고 4월 달에 항아리에서 꺼내 심은 광주무랑 당근도 그렇고. 지금 하우스에서 꽃을 피운 브로콜리도 그렇고.

2011년 6월 14일

무씨를 수확했다. 근대, 당근, 쑥갓씨도 수확했다. 무 꽃줄기를 베어서 잘 묶어 학교 원두막에 걸어두었다. 무는 이렇게 수확했는데 배추는 한랭사를 너무 낮게 씌워서 배추꽃이 한랭사를 뚫고 나왔다. 그렇게 열심히 꽃가루를 묻혀주었건만 다른 십자화과 식물과 막 섞여버린 거다. 그래도 씨앗을 버리기는 아까워서 말리긴 말렸다. 나중에 새싹을 틔워 새싹 비빔밥이라도 해 먹자는 오도 선생님. 뭐 그것도 좋을 것 같다.

2011년 7월 4일

올해는 비가 너무 많이 온다. 그래서인지 상추가 씨를 맺지 못하고 꽃송이에 곰팡이가 슬어 죽는다. 상추씨를 받을 수 있을까? 상추꽃이 질 때쯤 되면 비가 온다. 꽃만 보고 씨는 못 보게 생겼다. 사람의 힘으로 안 되는 일이 있는 모양이다.

2011년 7월 19일

어느 정도 수확이 끝난 밭에 후작으로 수수와 콩류, 녹두, 팥, 차조 등 모종을 옮겨 심었다. 파종은 이미 해두었고. 어떤 생명이든 어릴 때는 예쁜 모양이다. 모종들도 참 예쁘다. 귀여운 떡잎과 갓 나온 본잎. 양파씨(사티바 양파) 갈무리도 했다. 까맣게 여문 양파씨를 떨어지기 전에 수확해 창고에 말렸다가 이제야 갈무리를 하게 되었다. 날이 눅눅하니 양파씨 갈무리하기도 어렵다. 톡톡 치면 후두둑 떨어질 것들을 손으로 비벼 부숴야 한다. 대파씨랑 꼭 닮은 양파씨. 이름을 적어서 잘 구분해야겠다.

2011년 8월 11일

씨앗을 갈무리해 정리하다 보니 그동안 우리가 수확한 씨가 꽤 된다. 근대·쑥갓·대파·양파·무·배추·시금치·당근·완두콩·아욱·상추. 열매 맺는 아이들은 아직 씨를 못 받았지만 조금만 기다리면 후숙한 열매에서 씨를 받을 수 있다. 그동안 채종밭 일의 중간 점검인 셈인데 다 모아 놓고 보니 참 뿌듯하다. 봉투에 종류별로 담아 이름을 써넣고 사진 한장! 그동안 이렇게 잘 자라서 씨앗을 맺었구나. 내 기분 내키는 대로 어느 때는 자식처럼 돌봐주고 어느 때는 무심하기 짝이 없었는데. 이 씨 중에 당근과 시금치·무·대파·양파는 올해 심어서 내년에 씨앗 받을 준비를 한다. 이렇게 계속 전공부만의 씨앗을 만든다. 전공부 땅에 적응한, 홍동 땅에서 자라, 홍동에 내리는 비와 바람과 햇볕을 받은 씨앗을 계속.

2011년 8월 26일

오도 선생님이 집에서 수확한 사과참외를 가져오셨다. 참외인데 녹색이고 동그랗다. 이름대로 사과 같다. 올해 장마로 채종하우스에 심었던 참외는 줄기가 녹아 열매 하나도 못 맺고 죽었다. 그 대신으로 사과참외를 채종하는 셈이다. 사과참외는 다른 참외보다 비에 강하다고 한다. 열매를 갈라 먹어보니 맛도 좋다. 호박과 가지, 파프리카도 채종했다. 가지는 채종하기가 어려웠다. 열매를 갈가리 찢어 그 속에 숨은 씨를 하나하나 골라내야 했다. 더 좋은 방법이 있을 텐데.

수확할 때 나를 놀라게 한 아이는 파프리카였다. 열매 모양이 아주 여러 가지였다. 고추처럼 길쭉한 것, 꼭지 쪽은 파프리카처럼 둥글고 끝이 뾰족한 것, 가게에서 파는 파프리카 같은 것, 아주 작게 축소한 단호박 같은 것 등등. 고추 모양을 닮은 것은 씨를 빼는데 손이 화끈거렸다. 살이 예민한 용희 언니는 좀 고생했다. 이렇게 다양한 모양의 파프리카에서 또 똑같은 씨앗이 나온다니. 내년에는 어떤 모양이 생길까?

2011년 9월 7일

드디어 올해 우리가 채종한 사티바 양파씨를 밭에 뿌렸다. 벌써 내년 손을 잡은 느낌이다. 내년에 구근이 되면 그것을 심어 또 씨를 받겠지?

2011년 9월 8일

녹두가 익었다. 녹두는 익으면 금방 꼬투리가 터진다고 해서 매일 가서 잘 살폈다. 씨앗 받을 용으로 조금 심었으니 더 잘 살펴야 한다. 매일 가서 익은 꼬투리를 딴다. 참 까다로운 녀석이다. 그럼 녹두를 많이 심는 농부들은 어떻게 수확하지? 그분들도 매일 나가서 꼬투리를 하나씩 딸까? 만약 그렇다면······.

그러니 농사꾼은 부지런하고, 철을 알아야 하고, 시야가 넓어야 한다. 전공부 선생님들은 농사를 짓다 보면 철이 들고, 철든 사람이 농사를 잘 짓는다고 하신다. 전공부 생활을 해보니 정말 그렇다.

2011년 9월 23일

열매채소 씨앗을 갈무리해서 봉투에 넣었다. 열매채소 씨앗은 대부분 씨앗만 쏙 빼면 된다. 검불이 없어 갈무리하기가 참 편하다. 이제 밭에 있는 콩과 차조, 토란 이런 것만 빼고 다 채종했다.

2011년 10월 14일

마을에 귀농한 금창영 씨가 토종 양파 구근을 가져다 주셨다. 그동안 창고에 두었다가 오늘에서야 하우스에 심었다. 이제 사티바 말고도 토종 양파 씨를 받을 수 있게 되었다. 사티바 씨앗은 독일 씨앗이라 우리 기후에 적응하는 데 시간이 걸리지만 토종 양파는 이미 적응한 아이들이니까. 올해 초 토종 양파는 꽃만 보고 씨를 받지 못해 아쉬웠는데 잘 됐다.

그리고 오늘! 마늘 주아를 심었다! 마늘 주아는 마늘종에 달린 작은 마늘이다. 우리는 항상 꽃이 피어 열매 맺기 전에 마늘종을 뽑아 먹고 수확한 마늘을 남겨두었다 다음해에 심었다. 그러면 마늘도 점점 퇴화해 작아진다고 한다. 그걸 막으려면 마늘종에 달린 열매로 다시 큰 마늘을 만들어야 한다는데 우리가 시도해보는 것이다. 물론 오도 선생님이 해보자고 하셨다. 마늘에도 열매가 있다는 것이 참 신기하다. 어릴 때도 다 큰 마늘을 쪼개 심는 모습만 보았다. 그런데 이 손톱만 한 것이 잘 자랄까? 추운 겨울을 잘 견딜까? 걱정이다.

2011년 10월 18일

토란대는 미리 수확하고 오늘 토란을 수확했다. 토란의 커다란 잎은 보는 것만으로도 즐겁다. 용희 언니와 나는 가장 크게 자란 토란잎을 '토토로'에서처럼 한 장씩 꺾어 들어보았다. 온도를 잘 맞춰 보관해야 내년에 또 심어 올해 같은 기쁨을 누릴 텐데······.

2011년 11월 14일

내년 씨앗 농사를 준비한다. 올해 채종한 무와 당근을 심어 수확했고, 오늘 땅에 묻었다. 내년에 꺼내 심으면 꽃대가 올라올 것이다. 브로콜리와 배추 모종, 양파 구근은 이미 하우스에 심었고 콜라비도 심었다. 다른 씨앗들은 봉투에 넣어 이름을 써놓고 냉장고에 보관했다. 이제 감사제를 하고 2학년들 논문 발표를 하고 김장만 하면 1학년이 끝난다. 올해도 끝나가고 있다.

2011년 12월 5일

갓골 비누 공장이 비면 그곳에서 이런 저런 전시를 한다. 마을 사람들이 그린 그림 전시를 주로 하는데, 이번에는 우리가 씨앗 전시를 하기로 했다. 그동안 찍었던 사진도 뽑고, 씨앗도 유리병에 담고, 씨앗과 관련된 책도 모으고. 씨앗을 채종하는 방법에 따라 작물을 나눠 채종하는 방법도 썼다. 오도 선생님의 기획 하에 지난주부터 준비해서 이제 오픈. 1년 동안 우리가 농사지은 것을 이렇게 돌아보니 참 다른 느낌이다. 처음 오이를 수확했을 때의 기쁨이나 벌레에 먹혀 씨는커녕 잎도 제대로 못 본 브로콜리, 진딧물과 싸우게 했던 파프리카, 작물을 튼튼하게 키우겠다며 만들었던 쇠뜨기액의 그 시궁창 냄새, 생태 변기를 사용하면서 의욕적으로 만들었던 인분 퇴비, 가지각색 씨앗들의 아름다움. 사실 일할 때는 정신없어서 그때 느낌들을 오래 담아두지 못했는데 이렇게 모아놓고 보니 새록새록 떠오른다. 서로 서로 고생 많았다.

그동안 애써 받은 씨앗과 그 과정을 기록한 사진들을 전시했다.

용어 해설

- 가식(假植) - 모종을 제자리에 심기 전에 임시로 심는 것
- 격리재배(隔離栽培) - 작물이 교잡되지 않도록 거리를 두거나 분리해서 심는 것
- 계분(鷄糞) - 병아리나 닭똥을 퇴비로 만든 거름
- 고온건조(高溫乾燥) - 온도가 높으면서 잘 마르는 상태
- 교잡(交雜) - 한 종류의 꽃가루가 다른 종류의 암술머리에 붙어 수정되는 현상
- 교잡율(交雜率) - 교잡이 되는 확률
- 교잡종(交雜種) - 교잡을 통해 새롭게 만들어진 식물의 종류
- 낙과(落果) - 열매가 떨어지는 현상
- 낙화(落花) - 꽃이 떨어지는 현상
- 난지(暖地) - 따뜻한 지역. 우리나라의 경우 남부 이남 지방
- 내병성(耐病性) - 병에 잘 안 걸리거나 견뎌내는 힘
- 노지(露地) - 비와 서리에 노출이 된 땅
- 단명종자(短命種子) - 씨앗의 수명이 짧은 것
- 동해(凍害) - 겨울에 서리나 눈에 피해를 입어 식물에 상처가 생기는 현상
- 멀칭(mulching) - 식물의 뿌리 주변을 낙엽이나 볏짚 등으로 덮어주는 일
- 모구(母球) - 엄마가 되는 알뿌리
- 모본(母本) - 엄마가 되는 식물체
- 발아(發芽) - 씨앗에서 싹이 나는 것

- 발아억제(發芽抑制) - 씨앗에서 싹이 나지 않도록 유도하는 것
- 발효(醱酵) - 유기물이 미생물 작용에 의해 분해 및 변화하는 현상
- 배수(倍數) - 어떤 수의 갑절이 되는 수
- 본엽(本葉) - 식물이 싹이 나면서 떡잎 다음으로 나오는 잎들
- 봄 파종(播種) - 봄에 씨를 뿌리는 일
- 수분(受粉) - 꽃가루가 암술머리에 붙는 현상
- 순계(純系) - 유전적 변이가 없는 순수한 계통
- 연작(連作) - 한장소에 같은 작물을 계속해서 심는 일
- 원종(原種) - 씨앗을 받기 위해 그 식물의 기본이 되는 원래의 종류
- 육묘(育苗) - 모종을 키우는 일
- 인공수분(人工受粉) - 사람이 인위적으로 꽃가루를 따서 식물의 암술머리에 묻혀주는 일
- 자가수분(自家受粉) - 하나의 꽃에 꽃가루가 그 꽃의 암술머리에 붙어서 수분이 되는 현상
- 자가채종(自家採種) - 내 손으로 씨앗을 받는 일
- 자식약세(子息弱勢) - 타가수정하는 식물이 자가수정을 하게 되는 자식 세대에 꽃이 피거나 열매가 맺음이 약해지는 현상
- 자연교잡(自然交雜) - 자연적으로 한 종류의 꽃가루가 다른 종류의 암술머리에 붙어 수정되는 현상
- 접목(椄木) - 나무에 줄기를 자르거나 눈을 따서, 다른 나무에 붙이는 일
- 접수(椄穗) - 접목을 할 때 붙이고자 하는 가지
- 제초효과(除草效果) - 풀이 나지 않게 하거나 뽑는 일을 하는 것과 같은

효과를 내는 것
- 종자(種子) - 씨앗
- 직파(直播) - 모종을 기르지 않고, 밭에 바로 씨앗을 뿌리는 일
- 착과(着果) - 열매가 달리는 현상
- 채종(採種) - 씨앗을 받는 일
- 침종(浸種) - 씨앗을 물에 담가 싹이 빨리 나오도록 하는 것
- 타가수분(他家受粉) - 식물체의 꽃가루가 다른 식물체의 암술머리에 붙는 현상
- 파종(播種) - 씨앗을 뿌리는 일
- 파종상(播種牀) - 씨앗을 뿌려서 놓는 장소
- 품종(品種) - 일반적으로 원예종 또는 재배변종을 말하며, 씨앗을 통해서 모계 세대를 이어갈 수 없는 종류
- 학명(學名) - 학문적인 식물의 명칭
- 한랭사(寒冷紗) - 십자화과 채소 등에 벌레가 들어가지 않도록 씌워주는 구멍이 난 흰색 망
- 한지(寒地) - 추운 지방. 우리나라의 경우는 중부 이북 지방
- 후숙(後熟) - 수확한 열매채소를 그늘에 놓고 완전히 익을 때까지 놓아 두는 일
- 흡비력(吸肥力) - 토양의 양분을 빨아들이는 힘

농부가 세상을 바꾼다

귀 농 총 서
guidebook

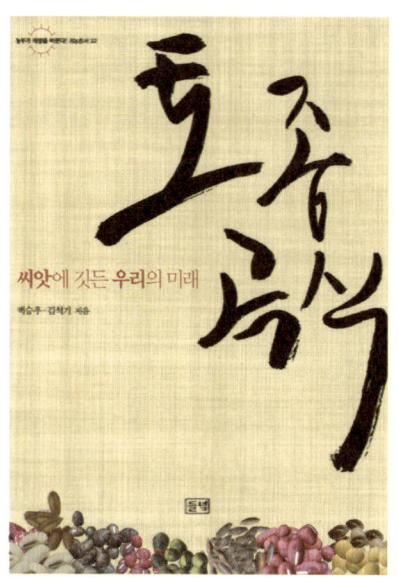

토종 곡식

백승우·김석기 지음 | 국판 224쪽 | 올 컬러

건강한 세상을 만드는 토종 곡식의 귀환!

토종 곡식이 사라지고 있다. 대대손손 농사일을 이어오며 부모로부터 곡식 씨앗을 받아 기르던 농민이 줄어들면서 그 씨앗도 함께 사라졌다. 씨앗의 소멸은 또 다른 소멸을 부른다. 씨앗이 없으면 다양한 작물을 기를 때 사용하던 농기구, 농사법 등이 사라지고, 그 곡식으로 해먹었던 요리마저 없어진다. 우리네 고유한 농경문화가 사라지는 것이다.

이 책은 아직 살아 있는 토종 씨앗에 관한 기록이다. 밀, 호밀, 보리, 율무, 수수, 팥, 콩, 조, 기장, 참깨 등 이름만큼 모양새도 각기 다른 곡식들. 이들은 '잡곡'으로 불리며 '잡스러운' 취급을 당했지만, 쌀의 빈자리를 채워준 고마운 존재다. 무관심 속에서도 여전히 살아 숨 쉬고 있는, 풍요롭고 건강한 토종 곡식 이야기.

내 손으로 받는 우리 종자

안완식 지음 | 국판 324쪽 | 올 컬러

2008년 진안군청 선정도서

대대로 내려온 우리 농부들의 자가채종법

자가채종을 하는 비전문가들이나 오래전부터 전해 내려오는 농부들의 방법을 국내 최초로 체계화한 책. 한 뙈기 밭에서도 얼마든지 우리 종자를 키워낼 수 있다. 종자는 농가 현지에서 계속 재배되어야 한다. 같은 종자라도 100년 동안 냉장고에 있던 것과 현지에서 계속 재배되고 채종해온 것은 전혀 다른 종자가 된다. 종자란 환경 변화에 능동적으로 대응할 줄 아는 생명체다.

이 책은 60여 가지 필수 작물들의 유래와 채종법, 그리고 종자의 사후 관리법까지 꼼꼼히 담아냈다. 우리 땅 우리 토종을 지키는 사람들을 위한 최고의 길라잡이.

농사꾼 장영란의 자연달력 제철밥상

장영란 지음·김정현 그림 | 사륙배판변형 360쪽 | 올 컬러
2008년 정농회 선정도서

24절기 자연 흐름에 맞춘 자급자족 밥상

이 책은 단지 먹을거리만 소개하고 있는 것이 아니다. 절기에 맞춰 자연의 흐름을 이해하기 쉽게 보여주는 훌륭한 자연교과서라 할 수 있다. 절기마다 피고 지는 꽃, 찾아오는 새들의 울음소리와 다양한 동물들과 벌레들의 활동, 그에 맞춰 진행되는 농사일들, 그리고 먹을거리에 관한 이야기들이 재미있고 잔잔하게 전개된다. 저자는 자연을 구경만 하는 관객의 입장이 아니라 자연 속에서 자연과 하나 되어 자연을 말하는 태도를 일관되게 취한다. 독자들은 이 책을 통해 자연 속으로 흔쾌하게 빨려 들어가는 즐거움을 맛볼 수 있을 것이다.

"먹을거리가 넘쳐나지만 제대로 먹고 살기는 오히려 힘든 세상이다. 아이 어른 할 것 없이 면역력이 떨어지고 있다. 면역력이란 다른 말로 몸의 자급능력이라 할 수 있다. 몸의 자급능력은 하루아침에 얻어지는 게 아니라 꾸준히 먹을거리를 자급해나갈 때 얻을 수 있다."
_ 지은이의 말 중에서

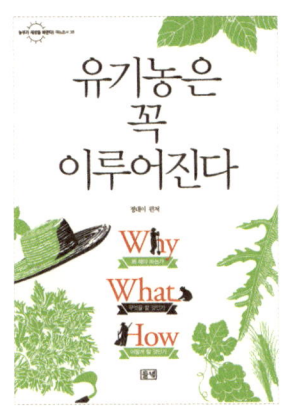

유기농은 꼭 이루어진다

정대이 편저 | 국판 364쪽

유기농을 실천해야 하는 진정한 이유

유기농이 좋다 하지만 정작 유기농을 왜(Why), 무엇을(What), 어떻게(How) 해야 하는지 명확하게 말해주는 책은 찾아보기 힘들었다. 17차 세계유기농대회에서 프로그램 코치로 활동한 저자는 농촌진흥청 이민호 박사, 14명의 농촌지도사와 함께 유기농업 교육의 비전과 구체적인 과정을 설계하는 데 참여했다. 이 책은 그 결과물이다. 저자는 '남들이 좋다고 하니까' 무작정 유기농으로 전환하는 것을 권하지는 않는다. 우선 무엇(what)을 어떻게(how) 실천하느냐에 앞서 왜(why) 유기농을 하는지부터 찬찬히 생각해보라고 한다. 유기농업 앞에서 고민하는 모든 농부들, 유기농의 필요성에 대해 의문을 품고 있는 여러 독자들에게 명쾌한 답과 실마리를 안겨주는 책!

유기농 채소 기르기 텃밭백과

박원만 지음 | 사륙배판변형 576쪽 | 올 컬러
2009년 정농회 선정도서

10년 동안 직접 기르며 쓴 유기농 채소 텃밭일지

초보자들이 자신의 밭 상황과 책 내용을 비교해보면서 농사지을 수 있도록 친절하고 상세하게 텃밭농사의 전 과정을 담은 책이다. 씨뿌리기부터 싹트는 모습, 밭 만들기, 자라는 모습, 병든 모습, 수확하는 모양까지 직접 찍은 사진을 1,400여 장 실었다. 이 책의 미덕은 작물이 병충해에 피해를 입었을 때 어떤 모습이 되는지, 피해를 예방하려면 어떻게 해야 하는지 등을 일일이 기록하고 사진으로 직접 보여 준다는 데 있다. 전국서점 자연과학 분야에서 베스트셀러 자리를 놓치지 않을 만큼 귀농인과 도시농부들에게 가장 인기가 많은 책이다.
"실험실을 잠시 자연으로 옮겨 이 책을 완성했습니다. 실험이 잘 안 될 때는 1년을 기다려 다시 파종하고 식물이 자라는 모습을 기록했습니다. 만약 이 일이 생계였다면 이런 식의 관찰자적인 농사는 짓지 못했을 겁니다. 평생 직업으로 농사를 짓는 농부들에게는 부끄러운 일이지요." _ 지은이의 말 중에서

농, 살림을 디자인하다

임경수 지음 | 국판 308쪽 | 올 컬러

지속가능한 행복사회의 청사진

퍼머컬처는 영속적이라는 뜻의 'permanent'와 농업 'agriculture'의 합성어이다. 내가 사는 방식이 마을을 살리고, 마을을 살리는 방식이 지역을 살리고, 지역을 살리는 방식이 지구를 살린다! 농약과 화학비료의 남용은 논밭은 물론 사람의 몸을 망가지게 했다. 이를 극복하기 위해 시작된 것이 유기농업이다. 그러나 자연적 유기물질의 사용만을 고수하는 소극적인 유기농업은 진정한 유기농업이라 할 수 없다. 이제는 순환농업을 중심으로 한 유기농업을 시작할 때가 되었다. 순환농업은 토양에 투입되는 자재뿐 아니라 자연과의 관계, 사회적 관계도 유기적이어야 한다는 것을 원칙으로 한다. 이 책은 진정한 유기농업을 시작하고 싶지만 그 개념과 방법을 뚜렷이 찾지 못하는 사람을 '퍼머컬처'의 세계로 인도한다.

흙, 아는 만큼 베푼다

이완주 지음 | 국판 336쪽 | 올 컬러

우리가 미처 몰랐던 흙의 속사정

농업인에게 흙은 애증의 대상이자 생계의 수단이다. 좋은 흙, 건강한 흙 없이는 소출을 낼 수 없다. 하지만 흙의 성격을 잘 이해하고 친하게 지내는 사람은 별로 없다. 그 속을 들여다볼 수도 없거니와 그 안에서 끊임없이 일어나는 화학적인 변화를 도무지 예측할 수 없는 탓이다. 그만큼 흙 속에서 이루어지는 다양한 변화는 상상 이상으로 복잡하다. 알기 쉽게 설명하기도 어렵다.
이 책은 어렵고 복잡한 흙의 생리를 이야기처럼 풀어내어 독자를 변화무쌍한 흙의 세계로 안내하는 길라잡이다. 필자가 이 책에서 강조하는 키워드만 확실하게 이해해도 흙을 알고 농사를 살리는 데 문제가 없을 것이다.

나의 애완 텃밭 가꾸기

이학준 글·그림 | 크라운판 변형 248쪽
중국 하남과기출판사 수출

공감 백 퍼센트, 만화로 읽은 텃밭 매뉴얼

텃밭 가꾸는 데 필요한 거의 모든 내용을 만화로 재현한 책. 거름을 만드는 법부터 씨 뿌리기, 모종 심기, 물주기, 웃거름 주기, 솎아주기, 수확하기 등 텃밭농사에 필요한 A부터 Z까지를 포괄적으로 다루되, 실전에서 우러나온 경험을 양념처럼 곁들여 읽은 즐거움을 배가했다. 일단 책을 펴놓고 읽으면서 머릿속에 남은 것을 따라 하면 된다. 텃밭농사를 시작하는 시점인 3월부터 농기구를 정리하고 사람도 땅도 잠시 휴식을 취하는 11월까지 텃밭농사법을 월별로 정리하여 해당 월에 꼭 하고 넘어가야 할 일이나 잊으면 안 되는 점들을 정리해놓았다. 귀농을 꿈꾸거나 준비하는 사람들의 필독서.

서울을 갈다

김성훈·이해식·안철환 대담·김석기 정리 | 196쪽

왜 도시에 농업이 필요한가?

전 농림부 장관 김성훈, 강동구청장 이해식, 귀농본부 텃밭보급소 소장 안철환 세 '대장 농부'가 모여 도시농업에 대해 나눈 진솔한 대담. 아직 한국에는 "왜 도시에서 농사를 지어야 하느냐?"라고 묻는 사람이 많다. 하지만 독일, 일본, 영국, 미국 등 소위 선진국들은 정책적으로 도시농업을 지원한다. 그 이유는 무엇일까? 도시에 농업이 필요한 이유에 대해, 그리고 현재 한국 농업에 얽힌 여러 사회적 사안에 대해 종횡무진 명쾌하게 설명하는 날카로운 대담집.

약이 되는 잡초음식 숲과 들을 접시에 담다

변현단 지음·안경자 그림 | 국판 320쪽 | 올 컬러
2010년 문화관광부 우수교양도서

약이 되고 찬도 되는 50가지 잡초음식의 향연장!

매일 먹는 밥상에 비상이 걸렸다! 화학재료의 남용으로 우리 밥상이 위험 수위에 오른 지는 이미 오래. 하지만 건강한 밥상으로 바꾸는 일도 만만치는 않다. 이제 인스턴트 음식과 매식에서 벗어나 철 따라 즐길 수 있는 자연산 식물에 눈을 돌려보자. 잡초음식을 상용하여 병도 고치고 건강도 찾은 저자의 생생한 경험담이 그만의 독특한 농철학과 함께 소개된다. 석유가 점령한 우리 밥상의 심각성을 경고하는 1부에 이어, 2부는 우리 산야에 나는 자연산 풀을 일상에서 건강한 먹을거리로 즐길 수 있는 여러 가지 조리법을 소개한다. 풀이나 뿌리뿐 아니라 꽃잎까지 다양하게 활용하여 식탁의 그린지수를 높여본다.

무농약 유기벼농사

이나바 미쓰쿠니 지음·김준영 옮김 | 국판 303쪽

누구나 할 수 있는 무농약 유기벼농사, 그 확실한 성공 포인트

30년에 걸친 환경보전형 벼농사기술 확립운동 속에서 실증되고 확립되어온 유기벼농사 기술체계를 쉽게 정리한 책이다. 이 책에서 소개하는 농법은 생물 생산력이 높은 아시아 몬순 풍토에서 성립된 유기벼농사 기술로, 다양성이 풍부한 무논 생물을 재생하여 그 생태를 벼농사에 오롯이 활용하는 수법이다. 그 성공 포인트는 크게 세 가지다. 모내기 30일 전부터 담수와 심수관리를 할 것, 어린 치묘가 아닌 4.5엽 이상의 성묘를 이식할 것, 쌀겨 중심의 발효비료를 투입할 것. 이상의 세 가지를 중심으로 한 기본 기술을 지키면 모내기 후 단 한 번도 논에 들어가지 않아도 밥맛 좋은 쌀을 다수확할 수 있다.

제초제를 쓰지 않는 벼농사

민간벼농사연구소 지음·김광은 옮김 | 국판 260쪽

전통 농법에서 끌어낸 친환경 제초법

이제 농사에서 잡초를 제거하려면 제초제 말고는 달리 방법이 없다는 낡은 사고방식에서 벗어나야 한다. 내분비 교란물질로서 환경호르몬이 주성분인 제초제를 벼농사에 쓰기 시작한 지도 50여 년이 지났다. 그러나 환경호르몬의 존재가 밝혀진 것은 겨우 몇 년 전의 일이다. 벼에는 거의 흡수되지 않는다고 안심하는 사람도 있겠지만, 제초제가 흙과 함께 강으로 흘러들어 가 바닷물고기에 축적되는 것은 피할 수 없는 사실이다. 당장은 안전하다고 계속 제초제를 쓴다면 앞으로 어떤 문제가 더 발생할지 모른다. 더 이상 환경을 오염시키지 않기 위해 제초제를 쓰지 않고서도 잡초를 억제하는 방법을 진지하게 모색하는 책.

깨어나라! 협동조합

김기섭 지음 | 국판 306쪽

똑똑똑, 협동조합아! 너 언제 깨어날래?

인류의 위대한 유산임에도 자본주의 사회에서 서자 신세를 면치 못해왔던 협동조합에 수많은 사람이 관심과 기대를 쏟고 있다. 그것은 한쪽에 밀쳐놨던 작은 달걀의 소중함을 뒤늦게 깨닫고, 주변에 닭들이 모여들어 그 부화를 갈망하며 껍질을 쪼아대는 모습과 같다.

21세기는 바야흐로 협동조합의 시대다. 자본주의 사회에 환멸을 느낀 사람들이 협동조합에 뜨거운 눈길을 주고 있다. 협동조합은 무슨 거창한 것이 아니다. 새로운 세상을 향한 꿈을 자신의 힘으로 이루려는 사람들의 정직한 노력일 따름이다. 20여 년간 건강한 협동조합 건설에 온몸을 바쳐온 저자가 협동조합의 문제점과 진로에 대해 진지한 성찰을 던진다.

게릴라 가드닝

리처드 레이놀즈 지음·여상훈 옮김 | 국판 변형 316쪽 | 올 컬러

우리는 총 대신 꽃을 들고 싸운다

환경을 아끼는 사람들, 환경에 관심이 있는 사람들이 모여 혁명을 일으켰다. 그 이름은 '게릴라 가드닝'. 이 조용한 혁명은 버려진 공공용지를 화려하고 생명 넘치는 공간으로 바꾸어놓는다. 한 줌 씨앗을 손에 들고 방치, 무관심, 공동체 정신의 붕괴와 싸우기 위해 헌신을 무기 삼아 한 발 한 발 전진했다. 어둠을 틈타 아파트 앞 공터에 꽃을 심는 것으로 게릴라 가드닝을 시작했을 때, 리처드 레이놀즈는 외로운 1인 활동가였다. 그러나 그는 곧 전 세계를 아우르는 운동의 선봉장이 되었다. 이 책은 30개국에서 벌어지고 있는 독특한 주변문화의 투쟁사를 정리하고 21세기 운동의 방향을 제시한다.